Gisa Löwe & Olof Löwe

Notfälle
bei Hund und Katze

Ein tierärztlicher Ratgeber
Ursachen • Symptome • Erste Hilfe

Kynos Verlag

Konrad-Zuse-Straße 3 • D-54552 Nerdlen/Daun
Telefon: +49 (0) 6592 957389-0
www.kynos-verlag.de

Bildnachweis: S. 180

Gedruckt in Lettland

2. Auflage 2021

ISBN 978-3-95464-268-7

KYNOS STIFTUNG

Mit dem Kauf dieses Buches unterstützen Sie die
Kynos Stiftung Hunde helfen Menschen
www.kynos-stiftung.de

Hinweis an die Leser

Aus Gründen der Lesbarkeit wurde im gesamten Text für die Berufsbezeichnung „Tierarzt" sowohl im Singular als auch im Plural und bei Personengruppen wie „Tierbesitzer" einheitlich die männliche Form verwendet. Selbstverständlich sind die Angehörigen beider Geschlechter gemeint.
Die tiermedizinische Wissenschaft und mit ihr auch Behandlungsrichtlinien und Medikamente sind einer ständigen Entwicklung unterworfen und können irgendwann nicht mehr aktuell sein.
Auch Internetadressen sind teilweise einem schnellen Wechsel unterworfen, sodass eventuell nicht immer alle angegebenen Seiten aktuell sind.

Inhaltsverzeichnis

Vorwort

In Deutschland leben nahezu 25 Millionen Hunde und Katzen in ca. 25 % der Haushalte.
Schnell ist ein Malheur passiert oder aber auch ein ernsthafter Notfall eingetreten.
Kenntnisse zur Ersten Hilfe bei Hunden und Katzen von der einfachen Wundversorgung bis zur Wiederbelebung können, bis eine professionelle Versorgung möglich ist, sehr hilfreich sein. Mehr noch, in besonders kritischen Situationen können Sie damit das Leben Ihres Tieres retten.
Durch etwas Vorbereitung, einige spezielle Kenntnisse und etwas Training sind Sie dazu in der Lage.
Mit diesem Buch möchten wir Sie dabei unterstützen.
In Teil I finden Sie einige Informationen für den Notfall. Sie betreffen die Daten, die Sie vorsorglich zur Hand haben sollten, Normwerte bei Hunden und Katzen, was für einen Anruf bei Ihrem Tierarzt wichtig ist, Maßnahmen zur Wiederbelebung (Reanimation), Hinweise für den Transport Ihres Tieres bei einem Notfall sowie die Haustierapotheke.
Der Hauptteil (Teil II) beinhaltet in alphabetischer Reihenfolge jederzeit mögliche Notfälle.
Sie erhalten dazu jeweils Informationen zu den Ursachen, Symptomen und der Ersten Hilfe. Wir beraten Sie, wann Ihre Erste Hilfe vermutlich ausreichen wird, wann Sie doch professionelle Hilfe in Anspruch nehmen sollten und in welchen Fällen Sie sofort zu einer Tierklinik fahren sollten.
Ein abschließendes Sachverzeichnis erleichtert Ihnen das schnelle Auffinden der beschriebenen Notfälle.

Teil 1

Allgemeine Informationen

Herzlich willkommen!

Notfälle treten nicht sehr oft ein, doch wenn einer vorliegt, haben Sie keine Zeit, sich über notwendige Maßnahmen zu informieren oder Techniken wie die Wiederbelebung (Reanimation) oder das Verhalten bei einem Erstickungsanfall (Heimlich-Manöver) zu erlernen.
Wir haben viel Zeit und Sorgfalt dafür verwendet, Sie an unserem Wissen und an unseren Erfahrungen im Umgang mit Notfällen teilhaben zu lassen.
Wir möchten Sie dazu ermutigen und dabei unterstützen, Ihrem Tier bei Notfällen zu helfen.
Dazu gehört, zu erkennen, wann ein Notfall vorliegt, was Sie unter Berücksichtigung Ihres spezifischen Wissensstandes tun können und wann unbedingt sofort professionelle Hilfe notwendig ist.
Bitte bedenken Sie immer, dass ein Tierarzt die Situation erst, wenn er Ihr Tier sieht, komplex beurteilen und die beste Behandlung bieten kann.
Alle Angaben sind ohne Gewähr.
Wenn Sie einen Hund oder eine Katze zu sich nehmen, empfiehlt es sich bereits dann, einige Dinge für Notfälle vorzubereiten.

- Unter welcher Rufnummer kann ich einen Tierarzt 24 Stunden an jedem Tag des Jahres erreichen?

- Wo kann ich einen Erste-Hilfe-Kurs für Hunde und Katzen besuchen?

- Was benötige ich im Notfall (Erste-Hilfe-Set)?

- Wie kann ich im Notfall mein Tier transportieren?

Checkliste wichtiger Daten für einen Notfall

Für Notfälle ist es sinnvoll, einige Kontaktdaten, den Impfausweis und die wesentlichen Behandlungsdaten Ihres Tieres in einer gesonderten Mappe griffbereit aufzubewahren.
Manche Tierärzte bieten einen Online-Zugang zu der Patientenakte Ihres Tieres an.
Erfassen Sie die untenstehenden Daten Ihres Tieres schriftlich und aktualisieren Sie diese regelmäßig. Neben der Papierform bietet sich ein digitales, cloudbasiertes Notizbuch auf Ihrem Smartphone oder Rechner an. Es gibt inzwischen auch spezielle Apps zu diesem Zweck. Wir haben hier ein Musterformblatt erstellt, welches Sie auf S. 189 zum Herausnehmen finden oder als Download unter www.hundebuchshop.com/notfallcheckliste.htm zur Verfügung steht.

Checkliste für den Notfall			
Tierarzt:		Telefon:	
Name des Tieres:		Geburtsdatum:	
Chronische Erkrankungen:			
Dauerhaft zu gebende Medikamnte:			
Allergien:			
Impfungen:		Letztes Impfdatum:	
Telefonnummer, unter der Ihr Tierarzt Sie erreichen kann:			
Telefonnummer Tiertransport oder Taxi, die ein verletztes Tier mitnehmen:			

Das ausführliche Formular zum Heraustrennen finden Sie auf S. 189 oder als Download unter www.hundebuchshop.com/notfallcheckliste.htm

Normalwerte bei Hunden und Katzen

Da die meisten physiologischen Daten Schwankungen unterworfen sind, ist es empfehlenswert, wenn Sie diese ohne jede Stresssituation bei Ihrem gesunden Tier messen. Dadurch lernen Sie die individuellen Werte Ihres Tieres am besten kennen.

Körpertemperatur (RT)

Die Körpertemperatur wird sowohl beim Hund als auch bei der Katze im Enddarm (Rektaltemperatur, RT) gemessen. Sie liegt bei beiden Tierarten bei 37,5 – 39,0 °C.
Sie unterliegt gewissen Schwankungen, abhängig von der Tageszeit, der Größe und dem Alter des Tieres sowie seiner aktuellen körperlichen Aktivität.
Morgens ist die RT etwas niedriger als am Abend. Kleinere Rassen haben eine etwas höhere RT als große Tiere. Jungtiere weisen eine etwa um 0,5 °C höhere RT auf als erwachsene Tiere und nach anstrengender körperlicher Aktivität ist sie deutlich höher als beim ruhenden Tier.
Bei einer Erhöhung um 0,5 °C wird von einer erhöhten Temperatur gesprochen. Steigt die RT auf 40 °C oder darüber an, spricht man von Fieber.

Atemfrequenz (AF)

Die Atemfrequenz beträgt bei Hunden 15 – 25 Atemzüge (AZ)/min und bei Katzen 20 – 40 AZ/min. Auch die AF unterliegt vielen Einflussgrößen wie Alter, Größe, körperlicher Aktivität des Tieres sowie der Umgebungstemperatur und kann erhebliche Schwankungen aufweisen.
Die Atmung soll leicht und ohne Nebengeräusche sein.

Herzfrequenz (HF)

Die Herzfrequenz beträgt beim Hund 60–100 Schläge/min und bei der Katze etwa 140–180 Schläge/min. Beim Hund gibt es einen von der Atmung abhängigen Rhythmus. Beim Einatmen erhöht sich die Herzfrequenz und beim Ausatmen nimmt sie wieder ab.

So misst man die Herzfrequenz

Der Pulsschlag wird am besten am stehenden Tier an der Innenseite des Oberschenkels weit oben, nahe dem Hüftgelenk, mit Zeige-, Mittel- und Ringfinger und leichtem Druck gefühlt. Die Herzfrequenz kann man an der linken Brustwand hinter dem linken Ellenbogen fühlen. Bei Hunden am besten durch Auflegen der flachen Hand, bei Katzen durch Auflegen von 2-3 Fingern. Das erfordert etwas Übung. Probieren Sie es deshalb am besten in Ruhe am gesunden Tier einmal aus. Zählen Sie eine halbe Minute lang und verdoppeln dann die Anzahl der Schläge.

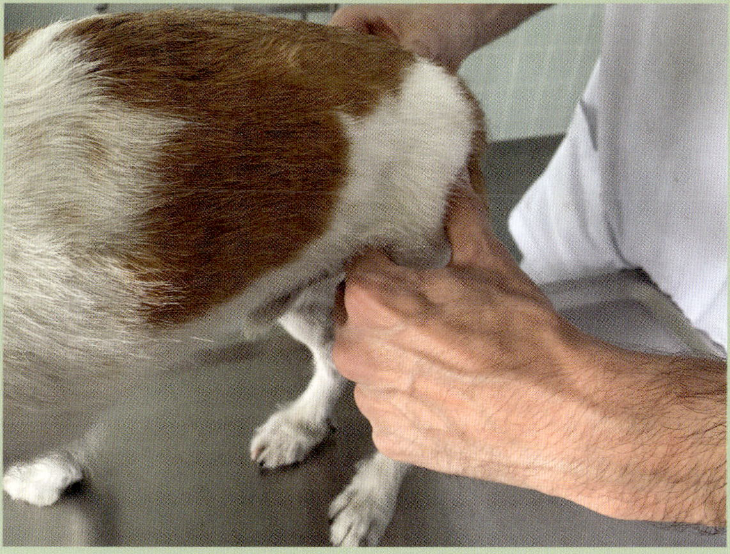

Schleimhäute und Kapillarfüllungszeit (KFZ)

Schleimhäute sind blassrosa und feucht. Andere Farbtöne wie bläulich, rot, gelb oder weiß sind pathologisch (krankhaft).
Übt man einen deutlichen Druck mit dem Finger auf die Schleimhaut der Lefze oder auf das Zahnfleisch im Bereich des Eckzahnes aus, entsteht für kurze Zeit eine Blutleere, erkennbar an einem weißen Bezirk, auf den der Fingerdruck ausgeübt wurde. Die Durchblutung kehrt bei einem nicht unter Flüssigkeitsmangel leidenden Tier innerhalb von ein bis zwei Sekunden zurück und der weiße Bezirk auf der Schleimhaut verschwindet wieder. Die Zeitspanne von der Blutleere bis zur Rückkehr der Durchblutung wird als Kapillarfüllungszeit, abgekürzt KFZ, bezeichnet. Die KFZ ist ein sehr sensibler und zuverlässiger Parameter zur Beurteilung des Wasserhaushaltes des Tieres. Lediglich bei speziellen Erkrankungen des Herz-Kreislauf-Systems kann die Aussagekraft der KFZ beeinträchtigt sein.

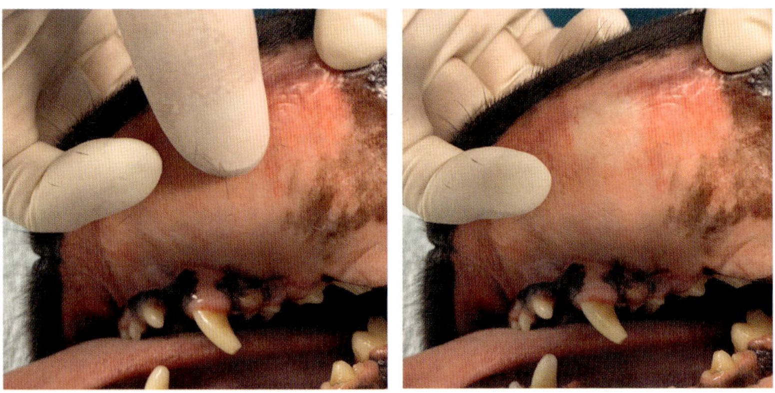

Der nach Druck mit dem Finger auf das Zahnfleisch entstandene weiße Fleck sollte nach 1-2 Sekunden wieder verschwunden sein.

Physiologische Normwerte bei Hund und Katze		
Physiol. Normwerte	**Hund**	**Katze**
RT (°C)	37,5–39,0	37,5–39,0
RT Welpen	39,0–39,5	39,0–39,5
AF (AZ/min)	10–30	20–40
HF (Schläge/min)	60–120	120–180
HF kleine Rassen	80–180	
HF Welpen	100–200	
KFZ (s)	1–2	1–2

Notfallinformationen – Checkliste für einen ersten Anruf beim Tierarzt

Liegt bei Ihrem Tier vermutlich ein Notfall vor, informieren Sie Ihren Tierarzt möglichst bereits telefonisch von Ihrem Kommen. Für bestimmte Fälle kann er dann bereits Vorbereitungen treffen. Schicken Sie keine E-Mails oder Textnachrichten per SMS etc. Unter den üblichen Bedingungen in einer Kleintierpraxis oder Kleintierklinik ist es den Tierärzten meist nicht möglich, solche Mitteilungen ständig im Blick zu behalten.
Bei einem ersten Anruf informieren Sie Ihren Tierarzt möglichst kurz und präzise über den vorliegenden Notfall.

- Was für ein Notfall liegt vor?
- Wann ist der Notfall eingetreten?
- Ist das Tier ansprechbar?
- Was wurde bisher unternommen?
- Wie sehen die Schleimhäute aus?
- Falls möglich, wie sind die Werte für RT, AF, HF und KFZ?

Wiederbelebung (Reanimation)

Unter einer Wiederbelebung (Herz-Lungen-Wiederbelebung, engl. CPR für cardiopulmonary resuscitation) im Sinne einer Ersten Hilfe versteht man eine durch eine Person durchgeführte Beatmung und Herzdruckmassage bei einem Patienten (Hund, Katze), der keine eigene Atmungs- und Herzfunktion mehr aufweist.
Kenntnisse zur Wiederbelebung können lebensrettend für ihr Tier sein.
Sie erfolgt nach der sogenannten **ABC-Methode**.
Diese Methode findet Anwendung, wenn keinerlei Hilfsmittel oder Medikamente zur Verfügung stehen. Unter Klinikbedingungen erfolgen selbstverständlich andere Maßnahmen.

A steht für Atemwege

B steht für Beatmung

C steht für Cardiale Reanimation

Es sollte eine strukturierte Vorgehensweise nach diesem ABC-Schema geübt werden.
Sie können das Zuhause mehrfach in Gedanken durchgehen, an Ihrem Tier andeutungsweise (!) üben oder am besten in einem Erste-Hilfe-Kurs an einem Dummy trainieren.

Erste Hilfe

Prüfen Sie, bevor Sie beginnen, ob das Tier nicht doch ansprechbar ist. Dann ist keine Reanimation notwendig. Bei krampfhaften Atemzügen, sogenannter Schnappatmung, beginnen Sie sofort mit den Brustkorbkompressionen.

A Kontrolle der Atemwege

- Hund in die rechte Seitenlage bringen, damit das mehr links im Brustkorb liegende Herz besser erreicht werden kann
- Öffnen der Maulhöhle
- Kontrolle der Maulhöhle nach sichtbaren Fremdkörpern, die die Atemwege verlegen
- Zunge leicht herausziehen und zur Seite ziehen
- Kopf strecken
- Zunächst erfolgt ein einmaliger Druck auf den Brustkorb, um einen Ausatmungsstoß zu simulieren und damit nochmals zu prüfen, ob Erbrochenes oder andere Fremdkörper die Atemwege verlegen und entfernt werden müssen.

Die Atmungskontrolle erfolgt durch das Ansehen der Bewegungen des Brustkorbes oder durch die Kontrolle der Ausatmung, indem ein Handrücken vor die Nasenöffnungen gehalten wird.

B Beatmung

Kann keine Atmung festgestellt werden, beginnen Sie mit der Beatmung.

- Die Zunge wird in die Maulhöhle zurückverlagert und die Maulhöhle geschlossen.
- Umfassen Sie das Maul des Tieres und biegen den Kopf des Tieres leicht nach hinten, bevor Sie mit der Beatmung beginnen.
- Wenn möglich, ziehen Sie auch den Unterkiefer etwas nach vorn.

- Wenn Sie den Kopf Ihres Tieres nicht nach hinten biegen, könnte es sein, dass die eingeblasene Luft nicht in die Lungen, sondern in den Magen gelangt.
- Halten Sie die Maulspalte des Tieres geschlossen.
- Legen Sie ein sauberes Tuch über die Nasenöffnungen und blasen Sie so, dass sich der Brustkorb nur leicht anhebt.
- Die Schnauze des Tieres wird mit einer Hand fest umfasst und es erfolgt die Mund- zu Nasenbeatmung mit zunächst 1–2 Atemzügen pro Minute.
- Insgesamt sollten 20 Atemzügen pro Minute bei großen Hunden und 24 Atemzügen pro Minute bei kleinen Hunden oder Katzen erfolgen.
- Zwischen den einzelnen Atemzügen muss man Zeit lassen zur Ausatmung.

Bedenken Sie, dass Ihr Atemzugvolumen höchstwahrscheinlich deutlich größer als das Ihres Tieres ist.
Sie dürfen also nicht einen vollen, kräftigen Atemzug in Ihr Tier hineinblasen. Das würde die Dehnbarkeit der Lunge des Tieres überfordern und die Lungenbläschen zum Platzen bringen. **Der Brustkorb soll sich nur leicht anheben.** Wenn er sich nicht anhebt, müssen Sie den Kopf etwas weiter in den Nacken biegen und die Beatmung erneut versuchen.
Bei sehr kleinen Tieren genügt es eventuell, nur das Luftvolumen Ihres Mundes mit der Kraft Ihrer Wangen langsam in das Tier zu übertragen. Auch hier soll sich der Brustkorb leicht anheben.
Sollte Ihr Tier normale Bewegungen ausführen, unterbrechen Sie die Notfallmaßnahmen und beobachten Sie es. Krämpfe sind keine normalen Bewegungen.

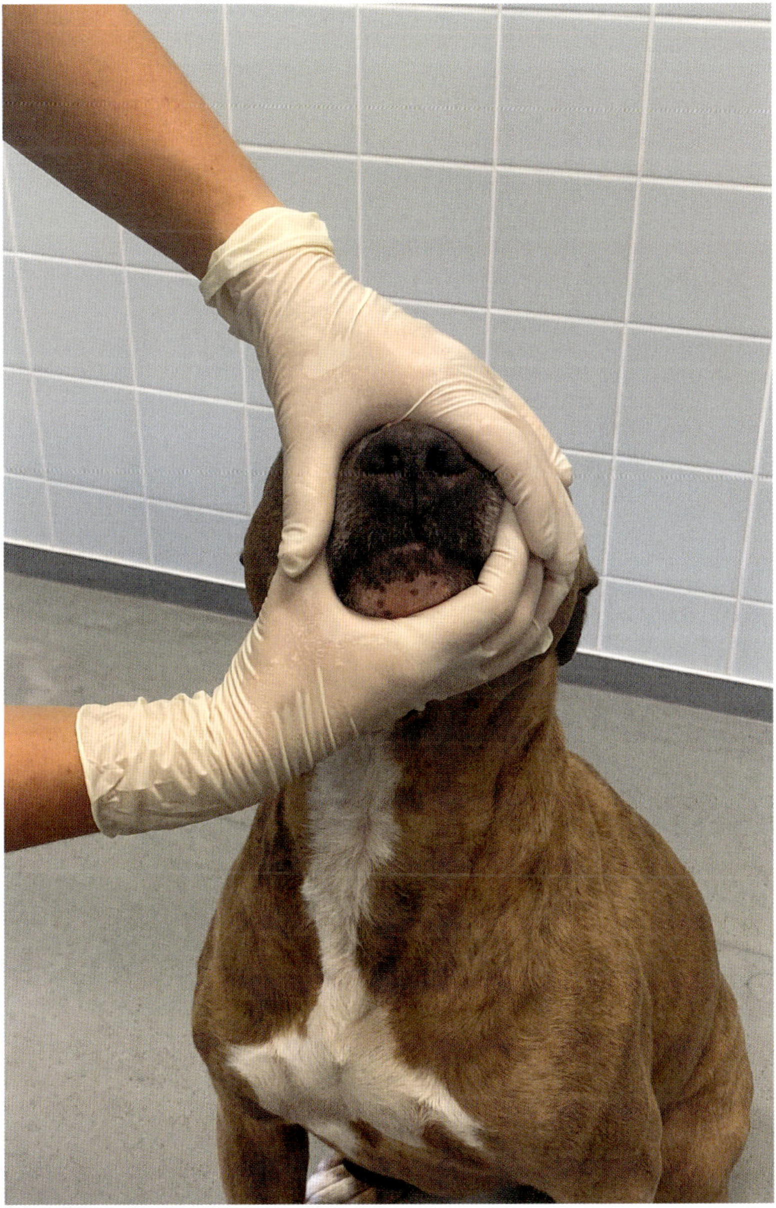

Zur Beatmung umfassen Sie so das Maul und biegen den Kopf leicht nach hinten.

Drücken Sie zur Herzmassage bei Herzstillstand ca. 60–80 Mal pro Minute mit gestreckten Armen auf die höchste Stelle des Brustkorbs hinter dem linken Ellbogen.

C Cardiale (engl. Herz-) Reanimation bei Herzstillstand

Unter einer kardialen Reanimation versteht man alle Maßnahmen, die der Beendigung des Herz-Kreislaufstillstandes dienen.
Es erfolgt zunächst einmalig ein sogenannter „präkordialer Faustschlag" (Begriff aus der Humanmedizin, präkordial bedeutet „vor dem Herzen" gelegen). Beim Hund erfolgt dieser bei dem in rechter Seitenlage befindlichen Hund seitlich in Verlängerung des Ellenbogengelenkes.
Auch bei kleinen Hunden und bei der Katze in rechter Seitenlage kann in der gleichen Region ein kurzer Impuls gegeben werden. Natürlich kein Faustschlag im eigentlichen Sinn.
Sofern danach weiterhin kein Herzschlag fühlbar ist, sollte man mit der Herzmassage mit Hilfe von Brustkorbkompressionen an der höchsten Stelle des Brustkorbes hinter dem Ellenbogen beginnen.

Brustkorbkompression

- Legen Sie Ihr Tier auf einer glatten, festen Fläche auf die rechte Körperseite und nicht wie beim Menschen auf den Rücken.
- Knien Sie sich auf der Bauchseite des Tieres vor Ihr Tier.
- Legen Sie die Handfläche in die Region hinter dem linken Ellenbogen. Mit der zweiten Handfläche können Sie den Druck unterstützen. Halten Sie die Arme gestreckt.
- Bei sehr großen Hunden können Sie die Kompression des Brustkorbes auf drei bis vier Zentimeter ausdehnen. Benutzen Sie eventuell zusätzlich das Gewicht Ihres Oberkörpers, um die Kompression zu bewerkstelligen. Es werden 60–80 Brustkorbkompressionen/min durchgeführt.
- Bei kleinen Hunden und bei Katzen benutzen Sie zur Kompression nur eine Hand oder sogar nur Ihre Finger. Umfassen Sie das Brustbein von unten und führen die Kompressionen in der Ellenbogenregion beiderseits zwischen dem Daumen und den restlichen vier Fingern aus. Es ist eine Frequenz von 120–140 Kompressionen/min anzustreben.
- Versuchen Sie, einen festen Rhythmus zwischen Beatmung und Herzkompression zu erreichen. Nach zweimaligem Beatmen werden 15 Herzkompressionen ausgeführt und danach wird wieder zweimal beatmet usw.
- Dazwischen ist zu prüfen, ob die Maßnahmen erfolgreich waren und ein Herzschlag bzw. ein Puls zu fühlen ist.

Erlernen Sie diese Maßnahmen möglichst vor einem Notfall in einem entsprechenden Kurs.
Bei Kleintieren sind Maßnahmen zur Wiederbelebung (Reanimation) häufig nicht bekannt und ungeübte Personen können unter Umständen auch zusätzlichen Schaden anrichten.

Es ist dennoch oft besser, etwas zu tun, als nichts zu tun, auch wenn man unsicher ist.
Es beginnt damit, sich sicher zu sein, dass das Tier tatsächlich nicht mehr atmet und/oder keinen Herzschlag bzw. Puls mehr hat.
Wenn kein Blut mehr zum Gehirn transportiert wird, kann es nach wenigen Minuten zu einem Hirnschaden kommen. Nach acht bis zehn Minuten ohne Sauerstoffversorgung stirbt das Tier.
Wenn Sie **unerfahren** sind, beschränken Sie sich auf die seitliche Kompression des Brustkorbes in schneller Folge (ein- bis zweimal pro Sekunde!). Sie sichern dadurch den Blutfluss und damit den Sauerstofftransport zum Gehirn, zum Herzen und zu anderen wichtigen Organen.
Achten Sie darauf, dass Sie bei Ihrer Kraftanwendung auf die Kleinheit Ihres Tieres Rücksicht nehmen. Der Brustkorb soll leicht eingedrückt, die Rippen aber nicht verletzt werden. Die Atmung Ihres Tieres lassen Sie unberücksichtigt.
Auch hier ist es häufig besser, etwas zu tun, als nichts zu unternehmen, auch wenn Sie dabei unsicher sind.
Ihr Tierarzt hat technische Hilfsmittel, um das Herz zur Pumpfunktion anzuregen und das Beatmungsvolumen genau auf die Lungenkapazität des Patienten abzustimmen.
Suchen Sie so schnell wie möglich einen Tierarzt auf. Setzen Sie die Wiederbelebungsmaßnahmen möglichst fort, bis Sie Ihr Tier einem Tierarzt übergeben.

Quellen

Rohwedder L, Alef M. Evidenzbasierte Leitlinien zur kardiopulmonalen Reanimation bei Hund und Katze. Tierarztl Prax Ausg K 2014; 42(04): 263–271.

Perkins GD, Handley AJ, Koster RW, Castrén M, Smyth MA, Olasveengen T et al. European Resuscitation Council Guidelines for Resuscitation 2015: Section 2. Adult basic life support and automated external defibrillation. Resuscitation 2015; 95: 81–99.

Lernen Sie Herz-Lungen-Wiederbelebung https://depts.washington.edu/learncpr/german/index.html aufgerufen am 24.06.2021.

Heimlich-Manöver

Sind die Atemwege durch einen Fremdkörper verlegt, kann der regelmäßige Gasaustausch von Sauerstoff und Kohlendioxid über die Lungen nicht mehr oder nur noch sehr eingeschränkt erfolgen.
Die Sauerstoffversorgung des Gehirns und anderer wichtiger Organe ist eingeschränkt und innerhalb weniger Minuten kann es zum Tod durch Ersticken kommen (→ **Erstickungsanfall**).
Eine Maßnahme, die Atemwege freizulegen, ist das sogenannte Heimlich-Manöver.
Sofern Ihr Tier in der Lage ist, kräftig zu husten, ist die Anwendung des Heimlich-Manövers meist nicht notwendig.
In den Fällen, in denen der Husten Ihres Tieres untypisch, leise oder gurgelnd ist, die Maulschleimhaut sich bläulich verfärbt und der vermutete Fremdkörper von der Maulhöhle aus nicht zu sehen oder zu entfernen ist, beginnen Sie mit dem Heimlich-Manöver.
Dabei wird der Druck im Bauchraum kurzzeitig durch folgende Maßnahmen erhöht.

- Umfassen Sie Ihr Tier von hinten/oben unmittelbar unterhalb der Rippen und schließen Sie Ihre beiden Hände in der Nabelregion ihres Tieres.

- Üben Sie einen kurzen, schnellen Druck auf den Bauch Ihres Tieres in Richtung des Brustkorbes aus. Dadurch wird ein Druck auf das Zwerchfell ausgeübt, der zu einem Ausatmungsstoß in der Lunge führt. Der so erzeugte Luftstrom kann den Fremdkörper nach außen befördern.

- Dieses Manöver wird kurz hintereinander wiederholt ausgeführt.

- Kleine Hunde und Katzen kann man fest in den Arm mit dem Gesicht des Tieres nach unten nehmen. Der Kopf sollte dabei tiefer als der Brustkorb hängen.

- Wiederholtes, dosiertes Klopfen auf den Rücken kann zur Lockerung und zum Hervorbringen des Fremdkörpers führen.

- Teilweise wird empfohlen, synchron mit dem Klopfen auf den Rücken einen kurzen Druck mit dem Arm auf die obere Bauchregion auszuüben. Dabei besteht jedoch die Gefahr, dass Mageninhalt nach oben gedrückt wird und in die Luftröhre gelangen kann.

- Wird Ihr Tier bewusstlos, beginnen Sie mit der Reanimation.

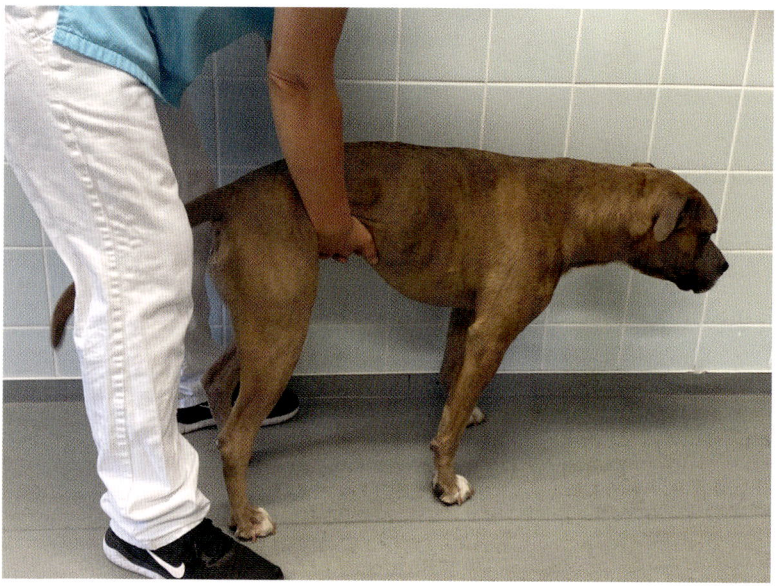

Heimlich-Manöver bei Fremdkörper in den Atemwegen: Umfassen Sie Ihr Tier von hinten/oben direkt hinter den Rippen, schließen die Hände in der Nabelregion und üben mehrfach kräftigen Druck aus.

Transport eines verletzten Tieres

Nicht nur die Erste Hilfe, sondern auch ein sicherer und angemessener Transport eines verletzten Tieres zum Tierarzt ist wichtig. Ein unsachgemäßer Transport kann schwere Folgeschäden beim Tier verursachen und auch Menschen in Gefahr bringen.

Erste Hilfe

- Leinen Sie Ihr Tier an. Tiere können bei einem Verkehrsunfall in Panik geraten, davonlaufen und nicht abrufbar sein.
- Bewegen Sie Ihr Tier so wenig wie möglich.
- Entfernen Sie einengende Utensilien, sofern das möglich ist.
- Schützen Sie sich selbst. Tiere mit starken Schmerzen könnten beißen, auch wenn sie unter normalen Verhältnissen absolut freundlich sind.
- Legen Sie einen Maulkorb an. Achten Sie darauf, dass die Atmung nicht behindert wird. Haben Sie keinen Maulkorb zur Hand, legen Sie vorübergehend (!) und nicht zu fest eine Maulschlinge an.
- Kleine Tiere, auch Hunde, bringen Sie am besten in einem Transportkäfig unter. Dieser sollte nach Möglichkeit von oben zu öffnen sein. Notfalls benutzen Sie einen Karton.
- Legen Sie Ihr Tier möglichst auf die Seite. Erzwingen Sie jedoch keine bestimmte Haltung. Eventuell verursacht gerade diese Haltung oder Lagerung besondere Schmerzen oder Beschwerden wie Atemnot.

- Insbesondere bei dem Verdacht einer Wirbelsäulenverletzung ist zum Transport eine ebene Fläche (Brett) wünschenswert. Notfalls transportieren Sie Ihr Tier in einer Decke und fassen an den Enden mit einer Hilfsperson an. Tragen Sie Ihr Tier nicht senkrecht auf dem Arm. Dabei werden die Schmerzen größer und es können Folgeschäden aufgrund von Stauchungen entstehen.

- Achten Sie darauf, dass Sie nicht auf den Magen drücken, damit Sie nicht ein Erbrechen auslösen. Es könnte Mageninhalt in die Atemwege gelangen.

- Winkeln Sie den Kopf nicht in Richtung Brust. Er sollte möglichst gerade in einer natürlichen Körperhaltung liegen oder so, wie sie das nicht bewusstlose Tier von sich aus einnehmen möchte.

- Sollte das Tier erbrechen, müssen Kopf und Hals abwärts zeigen, damit Flüssigkeit abfließen kann und nicht in die Atemwege gelangt.

- Decken Sie Ihr Tier mit einer Decke zu, um es zu beruhigen und warm zu halten.

- Bei einem ernsthaften Notfall vergessen Sie nicht, Ihren Tierarzt oder die Tierklinik von Ihrem Kommen zu informieren.

Quellen

Mutter JN. Transport und Bergung von Notfallpatienten. 2011, Universität Zürich, Veterinärmedizinische Fakultät.

Gfeller R, Thoams M, Mayo I. Transporting an Injured Pet: First Aid. https://veterinarypartner.vin.com/default.aspx?pid=19239&id=4951321 aufgerufen am 24.06.2021.

Erste-Hilfe-Set

Erste-Hilfe-Sets helfen Ihnen, in Notfällen schnell zu reagieren. Alles, was unmittelbar bei Verletzungen und anderen Notfällen benötigt wird, liegt an einem Platz zusammen einsatzbereit. Wenn Sie sehr sorgfältig sein möchten, sollten Sie auch in Ihrem Auto ein Erste-Hilfe-Set für Ihr Tier bereitliegen haben.
Im Handel gibt es fertig zusammengestellte Sets für Hunde und Katzen. Auch Ihr Tierarzt ist Ihnen sicher gern behilflich bei dem Zusammenstellen eines Sets.

An Folgendes sollten Sie denken:

- Antihaft-Steril-Binden und Rollgaze in verschiedenen Größen
- antiseptische Lösung (Chlorhexidin 0,5 %ig, Ethanol-Wasser-Gemisch)
- antiseptische Salbe
- Binden zum Zubinden des Maules oder einen dafür geeigneten Maulkorb („Knobelbecher")
- Einweg-Untersuchungshandschuhe
- elastische Wickelbinden
- Gummi-Schlauch zum Abbinden (Tourniquet)
- großes Tuch
- Hände-Desinfektionsmittel (alkoholische Lösung)
- Handtuch
- Klebeband
- Kühlpackungen
- Plastiktüten in verschiedenen Größen
- Schere und Pinzette
- Sekundenkleber

- Sicherheitsnadeln in verschiedenen Größen
- Spritzen zum Absaugen oder Spülen
- Thermometer
- Vaseline oder ähnliches zum Abdecken
- Wattebäusche, Tupfer und Wattestäbchen
- Wundkompressen

Die komplette „Einkaufsliste“ zum Abhaken für das Erste-Hilfe-Set finden Sie unter www.hundebuchshop.com/erstehilfeset.htm

Bei speziellen chronischen Krankheiten Ihres Tieres sind eventuell Ergänzungen sinnvoll.
Auch bei der „Reiseapotheke“ könnten einige Medikamente wie eine antibiotische Salbe oder ein Medikament gegen Durchfall sinnvoll sein. Ihr Tierarzt wird Sie sicher beraten. Ihr Erste-Hilfe-Set sollten Sie regelmäßig überprüfen, eventuell ergänzen oder Einmalartikel austauschen, deren Haltbarkeitsdatum abgelaufen ist.
Bitte bewahren Sie die Medikamente für Ihr Tier und Ihre persönlichen Medikamente auch zu Hause streng getrennt voneinander auf. Viele, teilweise auch frei verkäufliche Medikamente, sind für Hunde oder Katzen in hohem Maße toxisch und dürfen keinesfalls bei diesen Tieren angewandt werden. Dazu gehören insbesondere verschiedene Schmerzmittel.

Stellen Sie ein Erste-Hilfe-Set für Ihr Tier zusammen und überprüfen Sie dieses regelmäßig.

Teil 2

Notfälle von A–Z

Allergische Reaktion (Anaphylaxie)

Ursachen

Bei der Anaphylaxie handelt es sich um eine lebensbedrohliche allergische Reaktion, die mehrere Organsysteme betrifft.
Es kann zu einem Schock, einem plötzlichen Blutdruckabfall und zu Atembeschwerden kommen.
Meist ist die Lunge das vorrangig betroffene Organ. Bei Hunden ist es der Darm.
Bei einer entsprechenden Überempfindlichkeit kann eine Anaphylaxie innerhalb von Sekunden bis wenigen Minuten auftreten. Manchmal dauert es auch Stunden. Auslöser einer Anaphylaxie können Medikamente, Impfungen, Futtermittel oder Insektenstiche von Bienen, Wespen, Hornissen und Feuerameisen sein. Nicht immer kann man die Ursache für eine Anaphylaxie erkennen.

Hier hat ein Insektenstich zu einem starken Anschwellen mit Rötung im Kopfbereich geführt.

Symptome

- Unruhe und Erregung
- Hautreaktionen wie Rötung, Bläschenbildung, Schwellung, Juckreiz
- Schwellungen betreffen häufig Kopfbereich, Gesicht, Augenregion, Lippen und Rachen
- Atemnot durch Schwellung im Rachenbereich oder Verengung der Atemwege
- eine sehr hohe Herzfrequenz
- Erbrechen oder Durchfall
- Taumeln und Gangunsicherheit bis hin zur Bewusstlosigkeit

Erste Hilfe

Wenn Sie bei Ihrem Tier Anzeichen einer äußerst heftigen allergischen Reaktion vermuten:

- Entfernen Sie mögliche Auslöser aus der Nähe des Tieres (Bienen, Wespen, suspekte Futtermittel, Medikamente und dergleichen).
- Entfernen oder zumindest lockern Sie einengende Utensilien wie Halsbänder oder ein Brustgeschirr.
- Geben Sie Ihrem Tier nichts zu trinken oder zu fressen.
- Hüllen Sie Ihr Tier in eine Decke ein.

Weitere Maßnahmen

Fahren Sie sofort zu einem Tierarzt!
Die Anaphylaxie ist eine der schwerwiegendsten Formen einer Allergie.
Die therapeutischen Maßnahmen betreffen in erster Linie die Gabe von Adrenalin.
Darüber hinaus sind in der Regel zusätzliche Maßnahmen wie Dauertropfinfusionen und die Gabe weiterer Medikamente zur Behandlung der weiteren Symptome notwendig.
Eine stationäre Überwachung für mindestens acht bis zwölf Stunden ist anzuraten, da teilweise wiederholte Adrenalingaben notwendig sind. Auch die Therapie eventuell bereits in Mitleidenschaft gezogener Organe nimmt eine längere Zeit in Anspruch.
Ist bei Ihrem Tier eine Allergie bekannt und besteht aktuell keine Möglichkeit, einen Tierarzt aufzusuchen, sollte das vermutlich im Notfallset Ihres Hundes vorhandene Antihistaminikum oder Kortikosteroid nach der vom Haustierarzt verordneten Dosierung angewandt werden.

Quellen

Reedy LM, Miller WHU, Willemse T. Allergische Hauterkrankungen bei Hund und Katze. Hannover: Schlütersche 2002.

Ring J, Beyer K, Biedermann T. et al. Leitlinie zu Akuttherapie und Management der Anaphylaxie. Allergo 2014, J23: 36–54.

AWMF-Leitlinien-Register Nr. 061/025 Entwicklungsstufe 2: Akuttherapie anaphylaktischer Reaktionen. Allergo 2007, 16: 420–34.

Tizard I, Hypersensitivity Diseases in Animals.

https://www.msdvetmanual.com/immune-system/immunologic-diseases/excessive-adaptive-responses aufgerufen am 24.06.2021.

Sampson HA, Muñoz-Furlong A, Campbell RL et al. Second symposium on the definition and management of anaphylaxis: summary report – second National Institute of Allergy and Infectious Disease/Food Allergy and Anaphylaxis Network symposium. Ann Emerg Med 2007; 47 (4): 373–80.

Augapfelvorfall (Bulbusprolaps)

Ursachen

Durch ein Trauma oder bei kurzköpfigen Rassen mit einer sehr flachen knöchernen Augenhöhle (Mops, Shih Tzu) kann es allein durch Spreizen der Augenlider zu einem Vorfall des Augapfels kommen.
Das Auge kann nicht von allein zurückgleiten. Die Folgen sind ein Überdehnen oder sogar Reißen des Sehnervs und ein Austrocknen der Hornhaut. In diesen Fällen muss der Augapfel chirurgisch entfernt werden.
Bei Traumata kommt es weiterhin zu Blutergüssen im Bereich des Augapfels, was ein Zurückverlagern des Augapfels zusätzlich erschwert.

Bei kurzschädeligen Hunden mit sehr flacher knöcherner Augenhöhle kann es leichter zu einem Bulbusprolaps kommen.

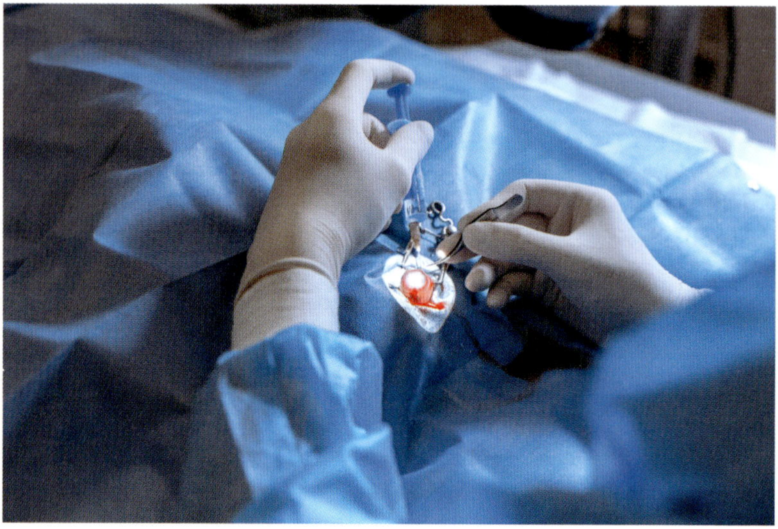

Entfernung eines vorgefallenen Augapfels.

Symptome

- Das Auge liegt mit seinem „Äquator", das heißt mit seinem größten Durchmesser, außerhalb der Augenhöhle.
- Die Augenlider sind hinter dem Auge eingeklemmt, sodass das Auge nicht von selbst zurückgleiten kann.
- Die Bindehaut ist geschwollen und gerötet.
- Das Augenlid kann nicht geschlossen werden.
- Der Augapfel kann insgesamt blutunterlaufen sein.
- Die Hornhaut des Auges trocknet sehr schnell aus und erscheint dadurch milchig trüb.
- Das Auge ist hochgradig schmerzempfindlich.

A

Erste Hilfe

- Decken Sie das Auge mit einem feuchten Wattebausch ab, um ein Austrocknen der Hornhaut zu verhindern. Ein feuchtes Tuch oder eine feuchte Kompresse sind auch möglich, lassen sich aber schlechter an ein vorgefallenes Auge anpassen als nasse Watte.
- Verhindern Sie, dass Ihr Tier am Auge kratzt.
- Versuchen Sie nicht selbst, den Augapfel zurückzuverlagern.
- Versuchen Sie nicht, das Auge zu reinigen.

Weitere Maßnahmen

Fahren Sie unmittelbar nach dem Ereignis zum Tierarzt.
Das Feuchthalten des Augapfels bis zum Eintreffen beim Tierarzt ist die wichtigste Maßnahme.
Je schneller das Auge unter Vollnarkose chirurgisch zurückverlagert wird, um so günstiger sind die Aussichten für eine vollständige Wiederherstellung der Sehfähigkeit.
Ist der Sehnerv verletzt, muss der Augapfel entfernt werden. Die Lebensqualität Ihres Tieres wird dadurch kaum eingeschränkt.

Quellen

Eule C. Der Bulbusprolaps – Ein traumatisches Ereignis. Kleintier konkret. 2008; 11(01): 10–13.

https://www.cp-pharma.de/media/pdf/12/7b/76/CPlus-2019_V3_27-03-02-2019.pdf

Lutz, H, Kohn B und Forterre F. Krankheiten der Katze. 6. aktualisierte Auflage. Stuttgart: Thieme, 2019.

Austrocknung → Dehydratation

Bissverletzung

Ursachen

Rangordnungskämpfe können bei Hunden und Katzen leicht zu gegenseitigen Bissverletzungen führen.
Die möglichen Bissverletzungen sind abhängig von der Gesamtsituation, wie der Autorität des Besitzers, Hunde sind angeleint oder nicht sowie von der Anzahl der beteiligten Hunde, der Größe des beißenden Hundes, seiner Aggressivität und der Beißkraft.
Die Beißkraft wird in PSI (englisch für *pounds per square inch*, also Pfund pro Quadratzoll) gemessen. Sie liegt bei großen Hunden zwischen 195 (Malinois) und 740 (Kangal) PSI. Für den Deutschen Schäferhund wird beispielsweise eine Beißkraft von 220 PSI genannt.

Rangordnungskämpfe können zu gegenseitigen Bissverletzungen führen.

Demgegenüber weist ein Mensch eine Beißkraft von 120 bis 130 PSI auf.

Die Aggressivität, das heißt wie lange ein Hund, wenn er (mit verschiedenen Reizen) gereizt wird, nur droht und ab wann er zubeißt, wurde von der American Temperament Test Society untersucht und auf deren Webseite https://atts.org aufgelistet. Dabei wiesen der Bearded Collie die höchste und der French Bulldog die niedrigste Reizschwelle auf.

Die Reizschwelle bei Hunden unterliegt jedoch nicht nur rassebedingten, sondern in hohem Maße auch individuellen Unterschieden.

Symptome

Bissverletzungen können banal bis hin zu lebensgefährlich für Ihr Tier sein.

Sie sind gekennzeichnet von Quetschungen und Zerreißungen und bluten oft sehr stark.

Sie sind immer mit dem Eintrag von Keimen, manchmal auch von Haaren und anderen Fremdkörpern in die Wunde, verbunden.

Sie reichen oft sehr tief, ohne dass man das immer von außen wahrnehmen kann.

Bisse von Katzen können unscheinbar aussehen, aber ebenfalls sehr tief eindringen. Sie weisen ein sehr hohes Infektionsrisiko auf.

Auch Quetschungen und Zerreißungen des Gewebes in der Tiefe können gefährlich sein, auch wenn von außen kaum etwas sichtbar ist.

Bisse können in den Brustkorb, die Bauchhöhle, in Gelenke, in einen Knochen oder andere sensible Strukturen, wie beispielsweise die Augen, Nasennebenhöhlen usw. eindringen und dort zu eitrigen Entzündungen führen.

Bissverletzungen sollten daher immer tierärztlich versorgt werden.

Erste Hilfe

- Schneiden Sie die Haare um die Wunde herum ab.
- Waschen Sie oberflächliche Wunden gründlich mit frischem Leitungswasser und Seife aus und entfernen Sie sichtbare Fremdkörper. Dazu gibt es unterschiedliche Empfehlungen, doch Leitungswasser ist nahezu steril.
- Sind Sie sich nicht sicher, ob der Brustkorb, die Bauchhöhle, Gelenke oder ähnlich sensible Strukturen verletzt wurden, waschen Sie die Wunde nicht aus.
- Decken Sie die Wunde mit einem möglichst sterilen, leichten Verband ab. Schnüren Sie ihn nicht zu fest und lockern Sie ihn nach einer gewissen Zeit wieder.
- Tragen Sie keine Salben oder sonstige Medikamente auf.
- Denken Sie möglichst noch vor Ort an rechtliche Konsequenzen und registrieren Sie ggf. die Kontaktdaten des Halters des beteiligten Hundes.

Weitere Maßnahmen

Suchen Sie noch am gleichen Tag einen Tierarzt auf.
Zähne und Speichel sind nicht steril. Es besteht ein hohes Infektionsrisiko.
Der Tierarzt kann die Art der Verletzung einschätzen. Manchmal sind es relativ triviale Verletzungen, bei denen eine lokale Behandlung und antibiotische Versorgung sowie eine Schmerzmedikation ausreichend sind.

Ein großer Teil von Bissverletzungen bedarf jedoch einer chirurgischen Versorgung in Vollnarkose, da es durch Quetschungen zu abgestorbenem Gewebe in der Tiefe oder zu Verletzungen an Gelenken, Sehnen und Bändern gekommen ist.
Neben einer angemessenen Versorgung wird der Tierarzt auch die Tetanusgefahr im Blick haben.
Bedenken Sie auch, dass in manchen Ländern Tollwut unter Tieren noch weit verbreitet ist.

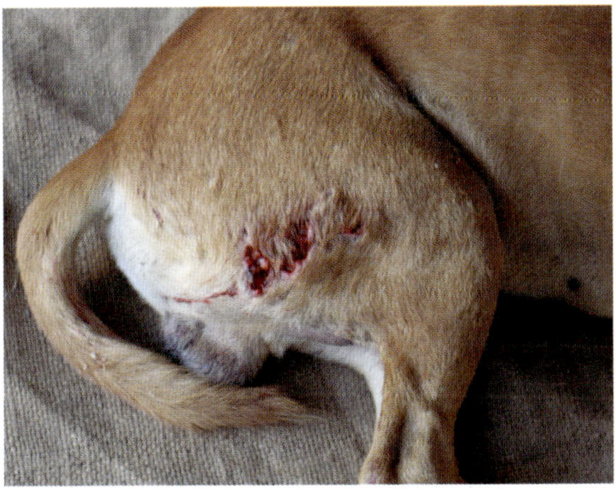

Typisch für Bisswunden ist eine Kombination aus Quetschungen und Zerreißungen.

Quellen

Shamir MH et al. Dog bite wounds in dogs and cats: a retrospective study of 196 cases. J Vet Med A Physiol Pathol Clin Med. 2002; 49(2):107–12.

https://www.insidedogsworld.com/dog-bite-explained-top-20-dogs-with-thestrongest-bite-force/ aufgerufen am 24.06.2021.

What is the Average Human Bite Force? https://www.reference.com/science/average-human-bite-force-350a634805933cf8 aufgerufen am 24.06.2021.

Blasenbildung

Ursachen

Blasen an den Pfoten sind meist Bagatellverletzungen. Durch Überlastung, zum Beispiel zu langes Laufen am Fahrrad, kann es auch beim Hund zu Blasenbildung an den Pfoten kommen. Auch Schuhe zum Pfotenschutz können zur Blasenbildung an den Pfoten führen.
Besonders in den Sommermonaten können auch im Bereich der Pfoten eingedrungene Fremdkörper zu Entzündungen und Blasenbildungen (Pododermatitis), insbesondere zwischen den Zehen, führen (→ **Fremdkörper in der Haut**).
Bei einer mehr oder weniger großen mit Blut gefüllten Blase an den Ohren handelt es sich um ein Othämatom (→ **Bluterguss**).
Treten an mehreren Stellen des Körpers unabhängig von einer mechanischen Reizung Blasenbildungen auf, könnte ein allergisches Geschehen oder eine innere Erkrankung der Hintergrund sein. In diesem Fall ist eine Abklärung durch einen Tierarzt notwendig.

Vorbeugung

Überfordern Sie Ihr Tier nicht beim Training.
Muss Ihr Hund einen Pfotenschutz tragen, wählen Sie innen gepolsterte Hundeschuhe aus und reinigen Sie diesen täglich. Insbesondere Fell- oder Wollauskleidungen können hilfreich sein. Achten Sie darauf, dass die Schuhe nicht zu klein sind. Gehen Sie mit Ihren Hunden, wenn sie einen Pfotenschutz tragen, nur kurze Wege.

Symptome

- mehr oder weniger große Blasen sind an den Pfoten sichtbar
- häufiges Belecken
- teilweise Lahmheit durch Schmerzen

Erste Hilfe

- Kontrollieren Sie die Pfoten, wenn Ihr Tier ständig daran leckt.
- Wenn Sie eine Blase entdecken und diese nicht zu schmerzhaft ist, lassen Sie sie intakt. Solange sie nicht geöffnet wird, verhindert die darüber liegende Haut, dass es zu einer Infektion kommt.
- Legen Sie einen leichten Verband an, aber achten Sie darauf, dass zwischen den Zehen eine gute Polsterung durch Watte besteht. Sonst fördern Sie weitere Verletzungen an den Pfoten.
- Wenn die Blase zu sehr schmerzt, kann man zur Druckminderung den Inhalt auch entfernen und die darüber liegende Haut möglichst intakt lassen.
- Waschen Sie sorgfältig Ihre Hände mit Seife.
- Desinfizieren Sie die Blasenoberfläche z. B. mit Jod oder einem alkoholischen Desinfektionsmittel.
- Desinfizieren Sie eine Spitze, kleine Nadel mit einer alkoholischen Desinfektionslösung oder halten Sie sie kurz in offenes Feuer.
- Warten Sie, bis die Nadel abgekühlt ist und stechen Sie die Blase an ihrem Rand mehrfach an, sodass die Flüssigkeit abtropfen kann.
- Drücken Sie die Blase nicht aus.
- Legen Sie einen leichten, nicht haftenden Verband an.
- Nach einigen Tagen kann man die abgestorbene Haut abschneiden, da sich neue, gesunde Haut darunter gebildet hat.

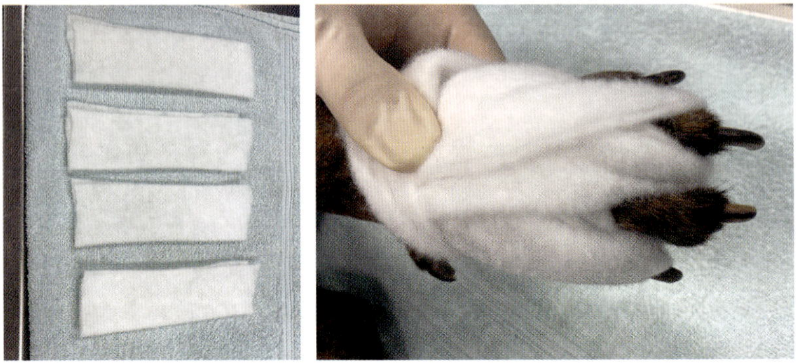

Beim Anlegen eines Pfotenverbands ist eine gute Polsterung mit Verbandswatte zwischen den Zehen wichtig. Schneiden Sie sich vorher entsprechende Streifen zurecht.

Weitere Maßnahmen

Blasen durch Hautreizungen betreffen meist nur die obersten Hautschichten und heilen schnell aus.
Sollten Sie eine multiple Blasenbildung feststellen, die nicht auf eine mechanische Reizung zurückgeführt werden kann oder sollten sich Anzeichen einer Wundinfektion, wie zunehmende Rötung, Schwellung und zunehmende Schmerzhaftigkeit entwickeln, stellen Sie Ihr Tier einem Tierarzt vor.

Quellen

Moll I. Dermatologie. Stuttgart: Thieme, 2010.

Medeiros GX, Riet-Correa F. Epidermolysis bullosa in animals: a review. Vet Dermatol. 2015, 26(1):3–13.

Bruckner-Tudeman L, Mellerio JE. Wound healing in epidermolysis bullosa. Br J Dermatol. 2017, 177(5): e193-e195.

Bluterguss

Ursachen und Symptome

Ein Bluterguss (Hämatom) entsteht, wenn durch einen Schlag oder eine Prellung Blutgefäße verletzt werden und Blut in das Gewebe gelangt und sich flächig verteilt.
Wie schnell ein Bluterguss entsteht, hängt von der einwirkenden Kraft ab. Bei einem heftigen Trauma werden mehrere und auch arterielle Gefäße verletzt, sodass es innerhalb von Minuten zu einem deutlichen Erguss kommen kann.
Blutergüsse können sich überall im Körper bilden. Im Allgemeinen versteht man jedoch darunter die sichtbaren Flecke unter der Hautoberfläche (subkutanes Hämatom).
Eine gewisse Sonderform stellen Blutergüsse an den Ohren dar. Eine Entzündung oder Reizung (Fremdkörper) im Ohr veranlasst das Tier, heftig den Kopf zu schütteln. Dabei kann es zu Verletzungen von Blutgefäßen des äußeren Ohres kommen.

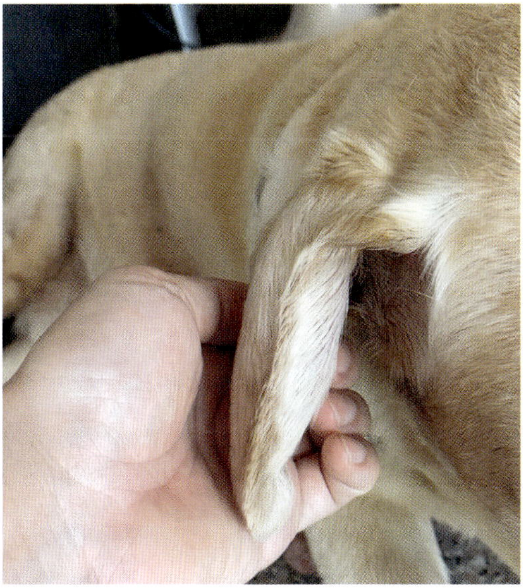

Hundeohr mit Bluterguss (Othämatom)

Erste Hilfe

- Bei kleineren Blutergüssen ist oft keine Behandlung notwendig.
- Sofortige Kühlung (Eisauflage) für 10 bis 20 Minuten, evtl. mehrfach innerhalb von 24 Stunden und Ruhe, wenigstens für die nächsten Stunden, verhindert bzw. bremst einen weiteren Blutaustritt aus dem verletzten Blutgefäß.
- Bei einem sich bildenden starken Bluterguss kann man auch einen Druckverband für kurze Zeit (maximal 20 Minuten) anlegen und gleichzeitig kühlen.
- Danach sollten Sie jedoch den Verband entfernen, da häufig die Erfahrung fehlt, wie stark der ausgeübte Druck sein darf. Die Durchblutung und damit die Ernährung des Gewebes, darf nicht verhindert werden!
- Kopfverbände bei einem Othämatom überlassen Sie lieber Ihrem Tierarzt.
- Öffnen Sie ein Othämatom nicht selbstständig.

Weitere Maßnahmen

Prellungen können recht schmerzhaft sein, sodass der Tierarzt eventuell ein Schmerzmittel verordnet. Nehmen Sie keine Schmerzmittel, die für Menschen gedacht sind. Nicht alle werden von Hunden oder Katzen vertragen.
Zeigt Ihr Tier trotz eines scheinbar nur leichten Blutergusses nach einigen Tagen immer noch Schmerzen, stellen Sie es einem Tierarzt vor.

Nimmt die Schwellung im verletzten Bereich auch am nächsten Tag noch zu, stellen Sie Ihr Tier auch dann einem Tierarzt vor.
Hat Ihr Tier häufig Blutergüsse, auch nach leichten Prellungen, sollten Sie es auch dann einem Tierarzt vorstellen. Es können ernsthafte Erkrankungen wie Störungen im Gerinnungssystem oder Bluterkrankungen vorliegen.
Bei Blutergüssen an der Ohrmuschel ist meist eine chirurgische Therapie notwendig. Ziel ist das Entfernen des Blutergusses und damit die Wiederherstellung der Verbindung zwischen Haut und Knorpel sowie ein erneutes Einbluten in die Wundregion zu verhindern.
Die Therapie muss antibiotisch, entzündungshemmend und auch schmerzstillend begleitet werden.
Es ist eine sorgfältige Nachsorge notwendig, die auch der Abstellung einer eventuell auslösenden chronischen Ohrentzündung gilt.

Quellen

Hutzschenreuter P, Brümmer H. Das subkutane Hämatom unter Kryo-, Kompressionstherapie und manueller Lymphdrainage – eine experimentelle Studie. In: Rieckert H. (eds) Sportmedizin – Kursbestimmung. Berlin, Heidelberg: Springer; 1987.

Skowronsky A, von Reibnitz C. Wundversorgung von A – Z. In: von Reibnitz C., Skowronsky A. (eds). Wundversorgung von A–Z. Berlin, Heidelberg: Springer; 2018.

Blutungen am Augapfel und um das Auge herum

Ursachen und Symptome

Ein „blaues Auge" wird durch Blutungen unter der Haut um das Auge herum verursacht.
Die meisten Verletzungen, die nur die Umgebung des Auges betreffen, sind nicht schwerwiegend.
Auch Blutungen unter der Bindehaut des Auges, selbst wenn sie den gesamten Augapfel betreffen, sind schmerzlos und nicht behandlungsbedürftig. Sie beeinträchtigen die Sehfähigkeit nicht. Auch sie entstehen durch Verletzungen kleiner Blutgefäße in der Bindehaut.
Andererseits kann durchaus eine schwerwiegende Verletzung vorliegen, insbesondere dann, wenn gleichzeitig im Inneren des Auges Blutungen aufgetreten sind.
Auch ein Knochenbruch in der Nähe des Auges oder sogar ein Schädelbruch kann zu starken, unter der Haut liegenden Blutungen in der Augenregion führen. Bei einem Schädelbruch können gleichzeitig beide Augenregionen betroffen sein. Es entsteht eine „Brillenbildung" um die Augen herum (Monokelblutung oder Waschbärenaugen). Dann tritt auch häufig Blut aus der Nase aus.
Blutungen im Inneren der knöchernen Augenhöhle hinter dem Augapfel können zu starken Schwellungen führen, sodass der Augapfel nach vorn gedrückt wird und die Augenlider eventuell nicht geschlossen werden können.

B

Erste Hilfe

- Kühlung mittels kalter Kompressen hilft, die Blutung unter die Haut zu stoppen und Schwellungen einzudämmen.
- Eine Kühlung sollte möglichst unmittelbar nach der Verletzung einsetzen. Dabei sollte keinesfalls Druck auf die Augäpfel selbst ausgeübt werden.
- Wiederholte Kühlung ist für die nächsten 24 Stunden sinnvoll.
- Nach zwei Tagen hilft eine lokale Wärmeanwendung (Kompressen) dabei, den Bluterguss abzubauen.

Weitere Maßnahmen

Bei schweren äußeren Verletzungen, wenn Sie innerhalb des Auges Blut erkennen können oder vermuten, wenn beide Augen betroffen sind oder auch Blut aus der Nase kommt, sollten Sie unmittelbar einen Tierarzt aufsuchen.
Blutungen im Inneren des Auges können zu bleibenden Schäden bis hin zur Sehunfähigkeit führen.
Der Tierarzt wird unterschiedliche diagnostische Maßnahmen ergreifen, je nachdem, ob die Blutung traumatisch bedingt ist und eher die Umgebung des Auges betrifft oder von einer primären Erkrankung des Auges auszugehen ist.

Quellen

Roat M. I.: Subkonjunktivale Blutungen. https://www.msdmanuals.com/de-de/profi/augenkrankheiten/krankheiten-der-binde-und-lederhaut/subkonjunktivale-blutungen

Suter PF, Niemand HG, Arnold-Gloor S. Praktikum der Hundeklinik. Stuttgart: Thieme, 2006.

Burk A, Burk R. Checkliste Augenheilkunde. 6. vollständig überarbeitete und erweiterte Auflage. Stuttgart: Thieme, 2018.

Blutung aus der Nase

Ursachen und Symptome

Anders als beim Menschen ist Nasenbluten bei Tieren eher ein seltenes Ereignis und hat dann meist einen ernsten Hintergrund. Als mögliche Ursachen kommen Fremdkörper in der Nase (→ **Fremdkörper in der Nase**), Verletzungen, Entzündungen und Neubildungen (Tumoren) in der Nase, den Nasennebenhöhlen und der Stirnhöhle sowie Entzündungen an den Zähnen in Betracht. Auch Gerinnungsstörungen können eine Ursache sein, kommen aber bei Hunden und erst recht bei Katzen selten vor.

Erste Hilfe

- Halten Sie Ihr Tier ruhig.
- Heben Sie nicht den Kopf an. Es ist nicht anzustreben, dass das Blut nach hinten in den Rachen läuft.
- Manipulationen wie Kühlung sind auf Grund der Beunruhigung des Tieres oft eher ungünstig.

B

Weitere Maßnahmen

Ein Tierarzt sollte konsultiert werden, wenn die Blutung aus der Nase

- längere Zeit besteht oder häufiger auftritt
- Folge eines ernsthaften Unfalles oder Sturzes ist
- Verletzungen am Kopf vorliegen

Bei wiederholt auftretenden, teilweise auch nur geringfügigen Blutungen aus der Nase sind labordiagnostische Untersuchungen im Hinblick auf Gerinnungsstörungen, Infektionen (Bakterien, Pilze) und eine als Folge eingetretene Blutarmut notwendig. Strukturelle Veränderungen und Blutungsursachen, z. B. durch Tumoren im Nasen-Rachenraum lassen sich am besten mittels Computertomografie darstellen.

Quellen

Müller S. Memorix Notfallmedizin. 10. Auflage. Stuttgart: Thieme, 2017.

Blutung, starke

Ursachen und Symptome

Starke, anhaltende Blutungen treten in der Regel nach schweren Traumata auf, bei denen größere Blutgefäße direkt verletzt wurden. Tritt das Blut pulsierend aus der Wunde und ist relativ hell, wurde eine Arterie verletzt.
Derartige Verletzungen sind potenziell lebensbedrohlich und müssen so schnell wie möglich gestoppt werden.

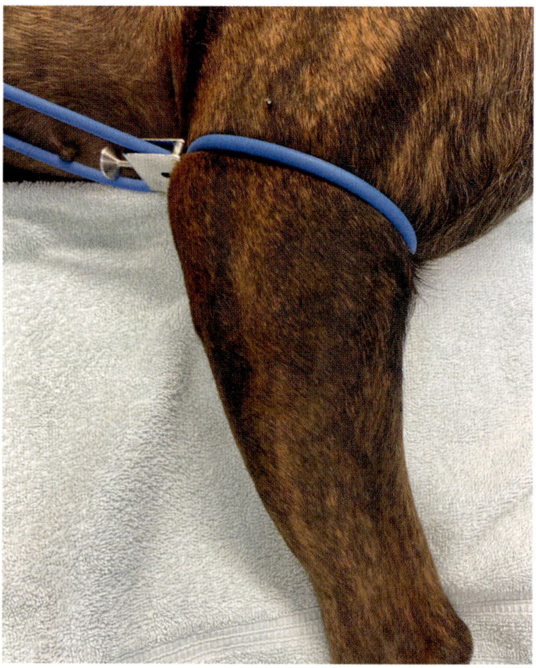

Bei stark blutenden Wunden an der Gliedmaße das Bein oberhalb mit einer Gummi-Schlauchschlinge (Tourniquet) abbinden, aber nie länger als 20 min.

Erste Hilfe

- Entfernen Sie eventuell eingedrungene Fremdkörper.
- Untersuchen Sie die Wunde jedoch nicht und versuchen Sie auch nicht, eine stark blutende Wunde selbst zu reinigen.
- Kümmern Sie sich nur darum, die Blutung zu stoppen.
- Legen Sie einen Verband an oder ein sauberes Tuch auf die Wunde und üben Sie einen gleichmäßigen Druck auf die Wunde aus, bis die Wunde aufhört zu bluten. Bei einer arteriellen Blutung kann das bis zu 15 Minuten dauern.
- Legen Sie eventuell einen dicken Verband an, der den gleichmäßigen Druck aufrechterhält.
- Bei Verletzungen am Kopf achten Sie jedoch darauf, dass Sie keinen Druck auf die Augen ausüben.
- Üben Sie auch keinen Druck aus, wenn Sie noch einen Fremdkörper im Gewebe vermuten.
- Bringen Sie Ihr Tier an einen ruhigen Ort, hüllen Sie es in eine Decke ein, legen Sie es möglichst auf den Boden, damit es bei Unruhe nirgends herunterfallen kann.
- Wenn das Blut Ihren Verband durchdringt, entfernen Sie ihn nicht, sondern legen weiteres Verbandsmaterial darüber.
- Sollte sich die stark blutende Wunde an einem Bein befinden, können Sie auch versuchen, den Blutzufluss insgesamt durch Abbinden (Tourniquet) einzudämmen. Allerdings auch nicht länger als 20 min.

Weitere Maßnahmen

Bringen Sie Ihr Tier so schnell wie möglich zu einem Tierarzt. Größere arterielle Blutungen bergen die Gefahr großer Blutverluste und können durch den Laien nur schwer gestoppt werden. Es droht ein Volumenmangelschock oder ein Verbluten.
Zunächst erfolgt eine notfallmäßige Suche nach der Blutungsquelle, bei inneren Blutungen auch mittels bildgebender Verfahren wie Röntgen, Ultraschall oder einer Computertomografie. Es schließt sich der Verschluss der Blutungsquelle durch gezielte Kompression oder Abbinden an. Teilweise ist eine Operation notwendig.
Bei starkem Blutverlust ist der Kreislauf zu stabilisieren und der Verlust durch eine Volumensubstitution mittels Blutersatzes oder, falls notwendig, durch eine Bluttransfusion, zu ersetzen. Die Blutgerinnungsfaktoren sind zu überwachen.

Quellen

Colwell C. Initial management of moderate to severe hemorrhage in the adult trauma patient. 2017, https://www.uptodate.com/

Müller S. Lebensbedrohliche Blutungen – Notfallmedizin der originären Art. retten! 2016; 5(03): 193.

Lippert H. Wundatlas: Kompendium der komplexen Wundbehandlung. 2. Auflage. Stuttgart: Thieme, 2006.

Chemikalien im Auge (Verätzung am Auge)

Ursachen

Viele Chemikalien führen auf Grund ihres Säuregrades (pH-Wert) zu Schäden an der Haut und insbesondere an den sehr empfindlichen Strukturen des Auges. Auch organische Lösungsmittel und viele Reinigungsmittel im Haushalt können zu Verätzungen an den Augen führen.
Das Ausmaß der Schädigung ist abhängig von der Konzentration des schädigenden Stoffes und der Einwirkungszeit.

Symptome

- starke Schmerzen
- Beeinträchtigung des Sehvermögens bis hin zum Sehverlust
- verstärkte Durchblutung der Bindehaut oder aber eine blasse Bindehaut bei Zerstörung der Gefäße und dadurch reduzierte Durchblutung der Region
- Ödeme der Augenlider und/oder der Bindehaut
- krampfhafter Lidschluss (Blepharospasmus)
- Hornhauttrübung (Fischauge)

Erste Hilfe

- Sind Chemikalien in die Augen gelangt, spülen Sie das betroffene Auge so schnell wie möglich und mindestens 15 min lang unter fließendem, lauwarmem oder kaltem Wasser. Notfalls können auch nicht alkoholische Getränke zum Spülen verwendet werden.
- Ausnahme: Nicht gespült wird, wenn Kalk in das Auge gelangt ist. Dieser muss mechanisch entfernt werden. Beim Spülen mit Wasser würde eine stark ätzende Lauge entstehen, die ihrerseits zu starken Schäden führen würde.
- Versuchen Sie die Lider zu öffnen. Wenn Ihr Tier nicht kooperativ ist, versuchen Sie dennoch zu spülen, selbst wenn Sie Abstriche bei der Sorgfalt machen müssen.
- Versuchen Sie in der Nähe des Auges zu spülen, sodass das Wasser wenigstens über die Augen läuft.
- Drehen Sie den Kopf des Tieres so, dass das betroffene Auge tiefer liegt, damit keine Spülflüssigkeit in das gesunde Auge fließen kann.
- Reiben Sie jedoch nicht.
- Verwenden Sie keine Augenmedikamente ohne die Empfehlung eines Tierarztes.
- Nehmen Sie den Behälter der Chemikalie mit oder notieren Sie sich den Text des Etikettes.

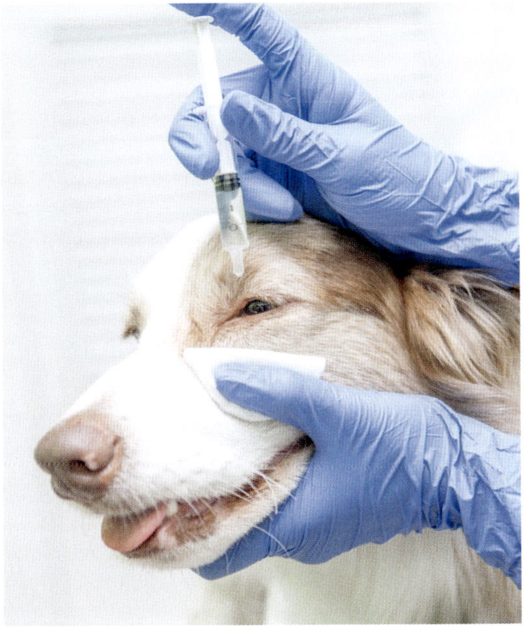

Sind Chemikalien ins Auge gelangt, spülen Sie so gründlich wie möglich mit Wasser und nehmen Sie den Behälter mit zum Tierarzt – das Etikett und die Angabe der Inhaltsstoffe können ihm wertvolle Hinweise zur weiteren Behandlung geben.

C

Weitere Maßnahmen

Stellen Sie Ihr Tier sofort einem Tierarzt vor. Verätzungen am Auge sind ein augenärztlicher Notfall!
Das Auge muss mit antibiotisch und entzündungshemmenden Medikamenten versorgt werden. Eventuell ist eine kleine Operation notwendig.

Quellen

Schrage N, Struck HG. Leitlinie zur Behandlung von Verätzungen und Verbrennungen der Augen und der Lider/Verätzungen und Verbrennungen der Augen: Empfehlungen zur Behandlung AAD 2016 (Stand: 2016).

https://www.augenaerzte-aarau.ch/veraetzungen-der-augen/ aufgerufen am 24.06.2021.

Dehydratation

Ursachen

Unter einer Dehydratation versteht man einen allgemeinen Flüssigkeitsmangel des Körpers.
Meist wird er durch Erbrechen und/oder Durchfall ausgelöst. Aber auch andere Erkrankungen, wie hormonelle Störungen, Diabetes, Nierenerkrankungen oder eine ungenügende Flüssigkeitsaufnahme können zu einer Dehydratation führen.
Es gibt verschiedene Formen einer Dehydratation, je nachdem, ob gleichzeitig ein Mangel an Elektrolyten (Natrium) vorliegt oder nicht.

Symptome

- Bei **leichter** Dehydratation:
  - Durst
  - trockene Schleimhäute
  - konzentrierter, dunkelgelber Harn
- Bei **mittlerer** Dehydratation:
  - eingesunkene Augen
  - sehr trockene Schleimhäute
  - stark verminderte Harnausscheidung (Oligurie)
  - deutlich erhöhte Herzfrequenz (Tachykardie)
- Bei **schwerer** Dehydratation:
  - für mehrere Sekunden stehenbleibende Hautfalten nach einem Anheben der Haut
  - niedriger Blutdruck (Hypotonie)

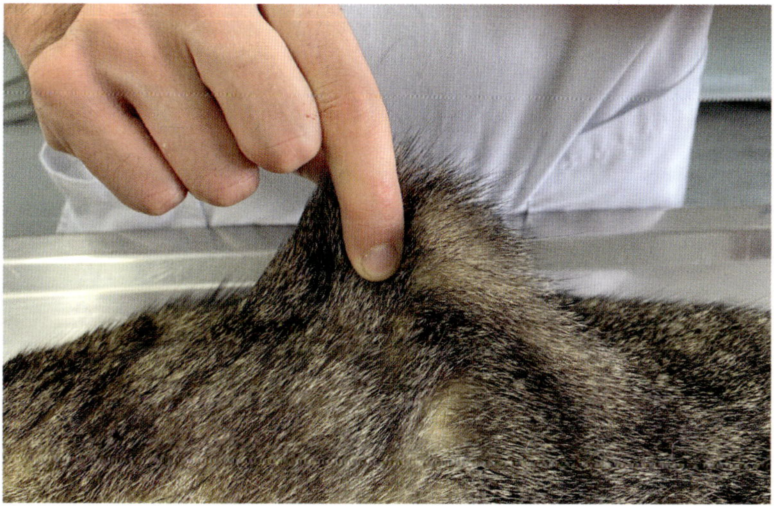

Wenn eine hochgezogene Hautfalte nach dem Loslassen mehrere Sekunden stehenbleibt, liegt eine schwere Dehydratation und damit ein Notfall vor.

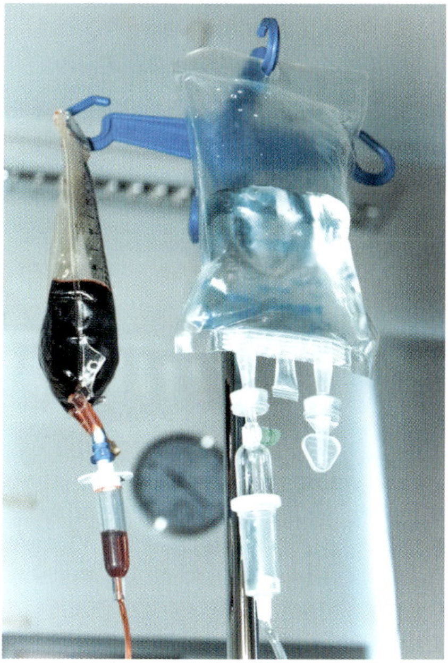

Infusionslösungen

Ab einem Flüssigkeitsverlust von ca. 15 % der Gesamtkörperflüssigkeit kommt es zu einem Volumenmangelschock, gekennzeichnet durch:

- Kreislaufschwäche
- zunehmende Bewusstseinsstörung
- Lethargie
- Koma

Erste Hilfe

- Bei wiederholtem Erbrechen unterbinden Sie für kurze Zeit den freien Zugang zu Wasser und Futter, damit der Magen zur Ruhe kommen kann.

- Danach kann man die Gabe von Wasser wiederholt in kleinen Portionen versuchen. Bei Katzen nehmen Sie etwa jeweils das Volumen eines Teelöffels und bei Hunden, je nach deren Größe, einen Esslöffel voll bis zu 1/4 Tasse Flüssigkeit pro Gabe.

- Erbricht Ihr Tier zunächst nicht weiter, gestatten Sie ihm dennoch zunächst nicht, seinen Durst durch freien Zugang zu Wasser zu stillen. Gehen Sie schrittweise vor und erhöhen Sie allmählich das Wasserangebot, bis das Defizit ausgeglichen ist.

- Kontrollieren Sie, ob die Zunge und das Zahnfleisch noch trocken oder wieder gut feucht sind und ob der Speichel wieder wässrig oder noch schleimig zäh erscheint.

- Erscheinen die Augen eingefallen, dann liegt noch immer eine mittlere bis schwere Dehydratation vor.

- Wenn Sie eine Hautfalte bei Ihrem Tier leicht anheben und dann loslassen, verstreicht sie bei einem gesunden Tier sofort. Liegt eine Dehydratation vor, verstreicht sie nur langsam oder bleibt fast stehen. Das wäre bereits ein Zeichen für eine starke, lebensbedrohliche Dehydratation.

Weitere Maßnahmen

Sollten Sie nicht erfolgreich sein, und Ihr Tier erholt sich nicht innerhalb von Stunden, stellen Sie es einem Tierarzt vor.
Flößen Sie ohne Rücksprache mit einem Tierarzt Ihrem Tier nichts ein.
Es ist eine Dauertropfinfusion notwendig. Dabei werden Wasser und Elektrolyte durch eine intravenöse Infusion dem Körper zugeführt. Das Volumen und die Zusammensetzung richten sich nach der Form der Dehydratation, die durch labordiagnostische Untersuchungen ermittelt und überwacht wird.
Der Ausgleich der Defizite muss allmählich erfolgen, sodass Ihr Tier für eine gewisse Zeit stationär bleiben sollte. Insbesondere muss der komplette Ausgleich von Elektrolyten wie Natrium und Kalium bei schweren Mangelzuständen auf 1–2 Tage verteilt werden, da ansonsten schwere Schäden am Gehirn drohen.

Quellen

Kraft W (Hrsg). Geriatrie bei Hund und Katze. 2. Auflage. Stuttgart: Parey, 2003.

Kaufmann J, Laschat M, Wappler F. Präklinische Versorgung von Kindernotfällen. In: Anästhesiologie & Intensivmedizin. 2020, 60 (1): 26a–37a.

Eklampsie

Unter Eklampsie versteht man Krämpfe, die bei Hündinnen vor, während und nach der Geburt auftreten können. Meist sind jedoch säugende Hündinnen in der Zeit von der ersten bis zur vierten Woche nach der Geburt betroffen. Saugen Welpen darüber hinaus noch sehr intensiv, kann es auch später noch zur Eklampsie kommen.
Die Eklampsie tritt bei Hündinnen kleiner Hunderassen wie Terrier, Zwergschnauzer, Teckel oder Möpse öfter als bei großen Hunderassen auf. Junge Hündinnen erkranken leichter als ältere.

Ursachen

Hauptursache ist ein Kalziummangel im Blut, der wiederum auf eine ungenügende Versorgung der Mutter zurückzuführen ist. Auch eine Kalziumüberversorgung kann in seltenen Fällen durch eine Beeinträchtigung der Regelmechanismen zu Eklampsie der Hündin führen.

Symptome

Typisches Symptom sind Krämpfe der Muskulatur, ohne dass es gleichzeitig zu einem Bewusstseinsverlust kommt. Das unterscheidet Krämpfe bei Eklampsie von epileptiformen, also epilepsieartigen Anfällen.
Das Ausmaß der Krämpfe ist unterschiedlich.

Der Ablauf geschieht folgendermaßen:

- zunächst Unruhe, Hecheln, Speichelfluss
- Muskelzuckungen
- sägebockartige Stellung, Kopf nach hinten gebogen
- Einbrechen der Hinterbeine
- Ausweitung der Krämpfe auf den gesamten Körper mit Seitenlage, sägebockartig weggestreckten Beinen und nach hinten gebogenem Kopf
- deutlich erhöhte Körpertemperatur auf >40 °C
- Puls pochend, stark beschleunigt
- in schweren Fällen kann auch die Atemmuskulatur betroffen sein, sodass der Tod eintreten kann

Am häufigsten sind säugende Hündinnen kleiner Rassen von der Eklampsie betroffen.

Erste Hilfe

- Entfernen der Mutter von den Welpen, um einen weiteren Kalziumverlust über die Milch zu verhindern
- Die Hündin sollte die Welpen auch nicht hören, um keine Stimulation der Milchbildung zu provozieren.
- Kontrolle der Körpertemperatur
- bei nur leichter Unruhe ohne Krämpfe unmittelbare Umstellung der Ernährung der Hündin auf eine für säugende Hündinnen abgestimmte, kalziumreiche Fertignahrung
- Intensives Zufüttern der Welpen mit Welpenmilchersatz und ab der 3. Lebenswoche mit Futterbrei

Weitere Maßnahmen

Hündinnen mit deutlich erkennbarer Eklampsie bedürfen noch am gleichen Tag einer Infusionstherapie, um den Kalzium-Spiegel im Blut auszugleichen. Teilweise sind bis zum Wirksamwerden einer angemessenen Kalziumversorgung über das Futter wiederholte Infusionen notwendig.

Quellen

https://www.merckvetmanual.com/metabolic-disorders/disorders-of-calcium-metabolism/puerperal-hypocalcemia-in-small-animals aufgerufen am 24.06.2021.

Erfrierung

Ursachen

Erfrierungen treten auf, wenn die Haut und das darunterliegende Gewebe durch Kälte geschädigt werden. Bei Hunden und Katzen sind insbesondere die Ohren betroffen. Auch an den Pfoten und dem Schwanz kann es zu Erfrierungen kommen. Diese Regionen sind niedrigen Temperaturen besonders ausgesetzt (Pfoten) bzw. sind im Vergleich zu ihrer Oberfläche wenig durchblutet (Ohren).

Pfoten und Ohren sind besonders anfällig für Erfrierungen.

Symptome

Erste Anzeichen einer Unterkühlung sind

- starkes Zittern
- wechselndes Anheben der Pfoten
- durch Schmerzen an den Pfoten verursachte Lahmheit
- Ohren können sich hart anfühlen
- bei starken Erfrierungen (Grad II) kann es zu Blasenbildung kommen

Erste Hilfe

- Bringen Sie Ihr Tier so schnell wie möglich in eine wärmere Umgebung und schützen Sie es vor weiteren Schäden.
- Tauen Sie die betroffenen Regionen nicht auf.
- Schützen Sie die Pfoten/Ohren Ihres Tieres mit einem Tuch, Schal oder sonstigen Hilfsmitteln vor einer weiterer Kälteeinwirkung. Wickeln Sie sie in eine wärmende Decke ein.
- Reiben Sie erfrorene Bereiche nicht.
- Wenn Sie im Warmen sind, trocknen Sie Ihr Tier und hüllen Sie es in eine Decke ein.
- Benutzen Sie zum Erwärmen keine direkte Wärmequelle wie Wärmelampe oder Heizkissen. Lassen Sie die Haut sich langsam (30 min) erwärmen.
- Bieten Sie Ihrem Tier warme Brühe an.
- Wenn sich Blasen an der Haut bilden oder an den Ohren die normale Durchblutung nicht zurückkehrt, wenden Sie sich an Ihren Tierarzt.

Weitere Maßnahmen

Der Tierarzt unterscheidet bei Hypothermie (Unterkühlung) zwischen dem Stadium 1, dem Abwehrstadium und dem sich anschließenden Stadium der Erschöpfung (2–5). Im Stadium 1 findet noch Muskelzittern statt und therapeutisch dominiert die Wärme- und die Energiezufuhr.
Im Erschöpfungsstadium (Stadium 2–5) wird lediglich durch Decken ein weiterer Wärmeverlust verhindert. Es erfolgt keine passive Erwärmung. Jede aktive und passive Bewegung unterbleibt.
Sind Erfrierungen zum Beispiel an den Ohren oder der Schwanzspitze bei Katzen eingetreten, werden gepolsterte, sterile Verbände angelegt.
Der Tierarzt kann auch bei schweren Erfrierungen durch spezielle Maßnahmen (Okklusionsverbände, d. h. Verbände mit Folienabdeckung) die Geweberegeneration fördern und eventuell notwendige Amputationen verhindern oder doch deren Ausmaß reduzieren.

Ein unterkühlter Hund muss langsam mit Decken erwärmt werden.

Quellen

Ullrich AS, Rathlev NK. Hypothermia and localized cold injuries. EmergMed Clin North Am. 2004, May;22(2): 281-98.

Powell L, Rozanski EA, Rush JE. Small Animal Emergency and Critical Care: Case Studies in Client Communication, Morbidity and Mortality. Hoboken: Wiley Blackwell, 2010.

Erstickungsanfall

Ursachen

Ein Erstickungsanfall tritt auf, wenn ein Fremdkörper im Hals oder in der Luftröhre feststeckt und die Atemwege für das Einströmen von Luft blockiert sind.
Bei Hunden kann es durch zu gieriges Abschlucken, zum Beispiel eines Kauknochens, zu einem Verlegen des Rachens, Eindringen des Futters in den Kehlkopf und in die Luftröhre kommen.
Auch durch Spielen mit Gegenständen (Katzen) oder Fangen eines kleinen Balles (Hunde) kann es passieren, dass der Rachenraum verlegt wird oder der Gegenstand in die Luftröhre gerät.

Symptome

- Erregung des Tieres
- Streichen der Pfoten über das Maul, um den Fremdkörper zu entfernen
- nicht normale Atemgeräusche
- Husten
- zunehmende Blässe oder bläuliche Verfärbung zum Beispiel der Maulschleimhaut
- Bewusstlosigkeit

Ohne ständige Sauerstoffzufuhr kann der Körper nur wenige Minuten überleben.

Erste Hilfe

- Sofern Sie den Fremdkörper sehen können, versuchen Sie ihn herauszuziehen. Greifen Sie beherzt in die Maulhöhle, es ist unwahrscheinlich, dass Ihr Tier Sie beißt, wenn sich Ihre Finger deutlich innerhalb der Maulhöhle befinden. Achten Sie darauf, dass Sie den Fremdkörper nicht tiefer in die Atemwege schieben.
- Wenn Sie keinen Fremdkörper sehen, unterlassen Sie ein Hantieren in der Maulhöhle.
- Versuchen Sie, ob durch einen heftigen Ausatmungsstoß der Fremdkörper ausgeatmet werden kann, indem Sie mehrfach kurzen, deutlichen Druck auf die seitliche Brustwand ausüben. Auch kurze, mit der flachen Hand ausgeführte Druckimpulse auf den Bauch können diese Wirkung auf die Atmung erzielen.
- Kontrollieren Sie wiederholt die Maulhöhle daraufhin, ob sich der Fremdkörper verlagert hat und nun eventuell sichtbar ist und entfernt werden kann.
- Gelingt es auf diese Weise nicht, den Fremdkörper zu entfernen, umarmen bzw. umfassen (Katze) Sie Ihr Tier von hinten unmittelbar hinter den Rippen und heben Sie mit einem kurzen, schnellen Ruck den Bauch nach vorn – oben an (→ **Heimlich-Manöver, S. 23**).
- Wiederholen Sie das Manöver fünf bis sechs Mal.
- Auch das Legen des Tieres über eine Stuhl- oder Sessellehne unmittelbar hinter den Rippen baut Druck zum Ausatmen auf und kann hilfreich sein.

- Achten Sie darauf, dass Sie nicht zu viel Kraft anwenden, um keine Verletzungen an den Rippen oder den inneren Organen des Bauches (Leber!) zu verursachen.

- Befinden sich noch kleinere Fremdkörper oder Futterreste in den Atemwegen, legen Sie Ihr Tier so auf den Bauch, dass vom Bauch über den Brustkorb bis zum Maul eine schräge Ebene entsteht, indem Bauch und Becken der höchste Punkt und die Maulöffnung der tiefste Punkt ist. Die Schräge muss deutlich ausgeprägt sein. Die Luftröhre soll schräg nach unten gerichtet sein.

- Klopfen Sie leicht auf den Rücken. Kleine Tiere können Sie auch auf den Schoß nehmen und den Oberkörper des Tieres etwas nach vorn beugen.

- Die Maulöffnung soll immer der tiefste Punkt sein. Üben Sie jedoch nicht zu starken Druck auf den Bauch aus, damit kein Mageninhalt heraufgedrückt wird.

- Wenn Ihr Tier bewusstlos wird, beginnen Sie mit Wiederbelebungsmaßnahmen (→ **Wiederbelebung, S. 16**).

- Sind Sie nicht erfolgreich, fahren Sie sofort zu einem Tierarzt. Bei einem Atemstillstand tritt nach etwa fünf Minuten auch der Herzstillstand ein.

- Auch wenn Sie erfolgreich waren, stellen Sie Ihr Tier dennoch unmittelbar einem Tierarzt vor.

Weitere Maßnahmen

Eine Untersuchung der Atemwege mit Hilfe eines Laryngoskops oder Bronchoskops ermöglicht das Erkennen und Entfernen des Fremdkörpers unter Sichtkontrolle. So kann auch kontrolliert werden, ob alle Fremdkörper entfernt wurden und ob behandlungsbedürftige Verletzungen an den Atemwegen entstanden sind.
In außerordentlich seltenen Fällen ist bei der Verlegung im Kehlkopfbereich eine Notfall-Tracheotomie notwendig. Dabei wird ein kleiner Schnitt in der Luftröhre (Trachea) unterhalb des Kehlkopfes angelegt, durch den ein Schlauch in die Luftröhre geschoben werden kann. Über diesen kann der Patient atmen oder beatmet werden, bis die Verlegung beseitigt werden konnte.

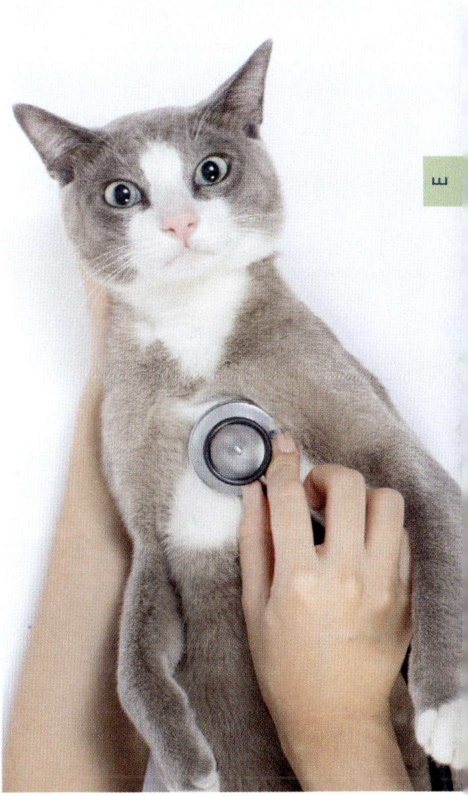

Abhören der Lunge.

Quellen

https://www.anaesthesisten-im-netz.de/notfallmedizin/notfall-was-muss-ich-tun/atemnot-durch-fremdkoerper/ aufgerufen am 24.06.2021.

Kahn CM, Line S (eds). The Merck/Merial Manual for Pet Health. Home Edition. Rahway: Merck, 2007. S. 1052.

Ertrinken

Ursachen

Alle Tiere können schwimmen. Doch wenn sie in ein Gewässer geraten, aus dem sie nicht allein herauskommen können, besteht die Gefahr, dass sie infolge von Erschöpfung ertrinken.

Symptome

- Beim Untergehen schließen sich zunächst reflektorisch die Atemwege, um zu verhindern, dass Wasser in die Lunge gerät.
- Bleibt das Tier zu lange unter Wasser, erlischt dieser Reflex. Es kommt zum Schlucken größerer Flüssigkeitsmengen.
- Durch nicht mehr unterdrückbaren Atemreflex gerät Wasser in die Lunge.
- Ein Stimmritzenkrampf verhindert zunächst, dass viel Wasser in die Lunge eintritt.
- Löst sich der Krampf, tritt mehr Flüssigkeit in die Lunge ein.
- Durch Stimmritzenkrampf oder zunehmende Flüssigkeit in der Lunge kann der Gasaustausch nicht mehr richtig funktionieren.
- Bewusstlosigkeit, Krämpfe, Herzrhythmusstörungen, schwacher Puls, Kreislaufstillstand sind die Folge.
- Nach 3 bis 5 Minuten tritt der Tod ein.

Auch wenn sich das Tier scheinbar von dem Vorfall erholt hat, kann es nachträglich zu schwerwiegenden Folgen, wie z. B. der Entstehung eines Lungenödems, kommen.

Erste Hilfe

- Holen Sie Ihr Tier so schnell wie möglich aus dem Gewässer, doch schützen Sie sich selbst.
- Legen Sie Ihr Tier so auf die Seite, dass der Kopf der tiefste Punkt ist, damit noch vorhandenes Wasser gut abfließen und kein Mageninhalt in die Atemwege gelangen kann.
- Öffnen Sie den Fang und ziehen Sie die Zunge leicht nach vorn. Wenn Ihr Tier nicht zu schwer ist, können Sie es mit dem Kopf abwärts halten. Eine leichte Klopfmassage auf den Brustkorb durch eine zweite Person fördert den Abfluss von Flüssigkeit aus der Lunge.
- Atmet Ihr Tier nicht, beginnen Sie mit der → **Wiederbelebung** **(S. 16)**. Die Wiederbelebung bei Ertrinken beginnt mit der Beatmung, nicht wie sonst mit der Herzdruckmassage.
- Halten Sie Ihr Tier mit Hilfe einer Decke warm.
- Wenn Ihr Hund Zugang zu einem Swimmingpool hat, bringen Sie ihm bei, wo sich eine Treppe oder ein sonstiger möglicher Ausgang befindet.

Weitere Maßnahmen

Auch wenn sich Ihr Tier zu erholen scheint, suchen Sie einen Tierarzt auf.
Die Behandlung des Tierarztes wird sich ebenfalls auf die Behandlung des Herz-Atemstillstandes und den dadurch entstandenen Sauerstoffmangel mit seinen Folgen für Gehirn, Herz und andere Organe konzentrieren. Außerdem wird er eine eventuelle Unterkühlung behandeln.

Katzen können wie Hunde von Natur aus schwimmen, aber besonders Pools werden schnell zur tödlichen Gefahr, wenn sie keinen Ausstieg daraus finden.

Bis zum Ausgleich aller Veränderungen im Organismus ist eine stationäre Behandlung anzuraten.
Auch Patienten mit leichten Symptomen, röntgenologisch unauffälligen Lungen und einer guten Sauerstoffsättigung im Blut sollten zumindest für einige Stunden stationär überwacht werden.

Quellen

Lamp L, Akutversorgung von Ertrinkungsunfällen. In: via medici – informieren. Aufgerufen am 24.06.2021 unter https://www.thieme.de/viamedici/klinik-faecher-notfallmedizin-1539/a/ertrinken-3947.htm

Fieber

Einen Anstieg der Körpertemperatur über den normalen Bereich hinaus bezeichnet man als Fieber. Bei Hunden und Katzen ist das eine Körpertemperaturen über 40 °C (→ **Normalwerte bei Hunden und Katzen, S. 12**).
Fieber und Überhitzung (→ **Überhitzung**) sind nicht das gleiche.

Ursachen

Fieber ist meist ein Zeichen für eine Infektion. Die Reaktion des Körpers, die Körpertemperatur zu erhöhen, ist hilfreich und sollte nicht grundsätzlich bekämpft werden. Mehr Aufmerksamkeit ist der Ursache des Fiebers zu widmen.

- Bakterien, Parasiten, Viren
- Tumore
- Autoimmunkrankheiten
- chronisch entzündliche Erkrankungen
- hormonelle Störungen
- Verschluss eines Blutgefäßes (Thrombose)

Achtung, bei der Katze kommt es nicht selten zu einem Verschluss eines Blutgefäßes im Bereich des Beckens. In diesen Fällen ist die Rektaltemperatur infolge der reduzierten Durchblutung nicht erhöht, sondern erniedrigt.

Symptome

- Mattigkeit
- Hecheln
- Durst
- Schmerzen
- Appetitlosigkeit
- keine Wasseraufnahme
- Atembeschwerden
- Schwellungen
- Erbrechen

Erste Hilfe

- Verwenden Sie ein digitales Thermometer. Ohrthermometer sind oft leichter anwendbar, aber weniger genau.
- Geben Sie etwas Vaseline oder Öl auf ein handelsübliches Fieberthermometer und führen Sie das Thermometer ca. zwei Zentimeter (Katze, sehr kleiner Hund) bis fünf Zentimeter (großer Hund) rektal ein und warten, bis die Temperatur sich nicht weiter erhöht. Der Enddarm verläuft gerade, sodass Sie nicht befürchten müssen, den Darm zu beschädigen.
- Lassen Sie das Thermometer nicht los und entfernen Sie es, wenn das Tier sehr unruhig ist.
- Ein Tier mit Fieber braucht Ruhe.
- Achten Sie darauf, dass Ihr Tier genügend trinkt.
- Sie erkennen einen Flüssigkeitsmangel zum Beispiel daran, dass weniger Harn abgesetzt wird und dieser konzentrierter und dunkler als üblich aussieht.
- **Setzen Sie ohne tierärztlichen Rat keine fiebersenkenden Medikamente ein!**

Fieber kann sehr viele Ursachen haben.

Weitere Maßnahmen

Sollten die Symptome länger als einen Tag anhalten oder zusätzliche Symptome wie Benommenheit, Hautveränderungen, Erbrechen, Durchfall und andere auftreten, warten Sie nicht darauf, dass das Fieber von allein verschwindet, sondern stellen Sie es einem Tierarzt vor.
Fieber ist keine Krankheit, sondern ein Symptom. Dementsprechend wird der Tierarzt durch eine körperliche Untersuchung, Labordiagnostik und eventuell weiterführende Verfahren wie Röntgen, Ultraschall usw. die Ursache des Fiebers klären.

Quellen

Nicolai T. Pädiatrische Notfall- und Intensivmedizin: Ein praktischer Leitfaden. 3. Auflage. Berlin: Springer, 2008.

Neiger R (Hrsg.). Differenzialdiagnosen Innere Medizin bei Hund und Katze. Vom Leitsymptom zur Diagnose. 2. Auflage. Stuttgart: Thieme, 2014.

Fremdkörper in den **Atemwegen**

Ursachen

Fremdkörper, die die Atemwege teilweise oder vollständig verlegen (→ **Erstickungsanfall**).
Kleinere Fremdkörper führen zu heftigem Husten und können so meist durch Ihr Tier selbst entfernt werden.
Teilweise werden jedoch kleine Knochenstückchen oder Samenstände eingeatmet. Solche Fremdkörper können nur in einer kurzen Narkose mittels eines Endoskops aus der Luftröhre oder den großen Bronchien entfernt werden.
Wenn Sie den Moment des Einatmens eines Fremdkörpers gesehen haben, stellen Sie Ihr Tier sofort einem Tierarzt vor.
Wenn Ihr Tier gesund erscheint, Appetit hat, aber immer wieder hustet, könnte auch ein Fremdkörper in der Lunge der Grund sein.

Symptome

- plötzlicher, heftiger Husten, obwohl keine Infektion vorliegt
- plötzlich ungewöhnliche Atemgeräusche
- Blauverfärbung der Schleimhaut
- Atemnot
- Würgen

Plötzliches Husten und Würgen kann auf einen Fremdkörper in den Atemwegen hindeuten.

Erste Hilfe

- Das Entfernen eines Fremdkörpers ist immer notwendig.
- Öffnen Sie die Maulhöhle und überprüfen Sie, ob Sie einen Fremdkörper sehen, erfassen und herausziehen können.
- Benutzen Sie keine Instrumente.
- Wenden Sie das Heimlich-Manöver an (→ **Heimlich-Manöver, S. 23**).
- Dabei wird der Körper des Tieres unmittelbar unterhalb der Rippen von hinten/oben umfasst, die Hände am Ende des Brustbeines des Tieres geschlossen und durch einen ruckartigen Druck in Richtung der Lunge ein Ausatmungsstoß unterstützt bzw. erzeugt, sodass der Fremdkörper herausgehustet werden kann.
- Kleine Hunde oder Katzen kann man so über einen Arm legen und notfalls mit dem eigenen Körper fixieren, dass der Rücken des Tieres zum Körper der behandelnden Person weist. Der Kopf des Tieres sollte dabei der tiefste Punkt des Tieres sein. Durch leichtes Klopfen kann versucht werden, den Fremdkörper zu lockern und nach außen zu befördern.
- Wiederholen Sie dieses Manöver mehrfach.
- Auch wenn Ihr Tier einzelne Futterpartikel aushustet, stellen Sie es einem Tierarzt vor.

Weitere Maßnahmen

Je nachdem, wie sicher Sie sind, ob Ihr Tier einen Fremdkörper eingeatmet hat (Fremdkörperaspiration), finden verschiedene Untersuchungen statt.
Meist werden Röntgenaufnahmen angefertigt.
Bei kleinen oder mit den üblichen Röntgenverfahren nicht darstellbaren Fremdkörpern findet eventuell eine Computertomografie statt.
Mittels Bronchoskopie (Untersuchung der Atemwege mit Hilfe einer Kamera mit Lichtquelle) können die Atemwege inspiziert, Proben genommen und auch ein möglicher Fremdkörper entfernt werden.
Sind Sie sicher, dass Ihr Tier einen Fremdkörper eingeatmet hat, ist eventuell ohne vorangeschaltete Röntgenkontrolle gleich eine Bronchoskopie zur Darstellung und Erfassung des Fremdkörpers sinnvoll.
Bei einer frischen Aspiration ist meist keine Operation notwendig.
Werden Fremdkörper nicht entfernt, können sie die Ursache für chronischen Husten und Entzündungsherde in der Lunge sein.

Quellen

https://www.amboss.com/de/wissen/Fremdkörperaspiration

Nicolai T. Pädiatrische Notfall- und Intensivmedizin. 5. Auflage. Berlin: Springer, 2014.

Fremdkörper im **Auge**

Ursachen

Zu Fremdkörpern im Auge kann es sehr leicht kommen. Kleinere Fremdkörper werden allein durch die Tränenflüssigkeit und den Lidschlag herausgespült und bedürfen keiner Behandlung. Fremdkörper sind insbesondere

- Insekten
- Sandkörner
- Pflanzenteile

Symptome

- Tränen der oder des Auges
- Rötung der Bindehaut
- Geschlossenhalten des Auges

Dringt der Fremdkörper in die Strukturen des Auges ein, verstärken sich die Symptome und es kommt zu:

- Blinzeln
- Schmerzen
- Entzündungen
- Schwellungen der Augenlider
- Trübung der Hornhaut

Erste Hilfe

- Waschen Sie sich die Hände mit Wasser und Seife.

- Ist der Fremdkörper größer und Sie können ihn gut sehen, wie z. B. einen Grashalm im Bereich der Bindehaut, können Sie versuchen, ihn zu erfassen und zu entfernen oder mit warmem Wasser heraus zu spülen. Auch hier kann eine steril verpackte Spritze hilfreich sein, mit der man immer wieder leicht warmes, sauberes Leitungswasser aufzieht und unter sanftem Druck in das Auge spült.

- Versuchen Sie, die Lider Ihres Tieres dabei offen zu halten.

- Reiben Sie nicht am Auge, üben Sie keinen Druck am Augapfel aus und benutzen Sie keine Gegenstände, um einen Fremdkörper aus dem Auge zu entfernen.

- Verhindern Sie, dass Ihr Tier mit den Pfoten am Auge reibt, benutzen Sie notfalls einen Kragen.

- Sollten Sie einen festsitzenden Fremdkörper bemerken, das Auge deutlich gerötet sein, die Bindehaut sich bereits deutlich entzündet haben oder sich sogar eitriges Sekret im Augenwinkel befinden, ist eine sorgfältige professionelle Untersuchung der Augen notwendig.

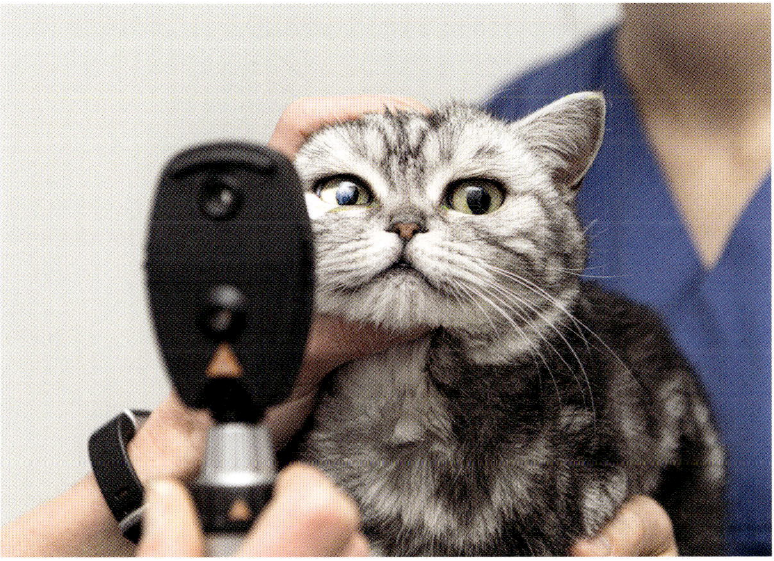

Augenuntersuchung bei einer Katze.

Weitere Maßnahmen

Stellen Sie Ihr Tier einem Tierarzt vor.
Oberflächliche Fremdkörper können meist unter Lokalanästhesie entfernt werden. Fremdkörper, die in das Innere des Auges eingedrungen sind, müssen operativ entfernt werden.

Quellen

Leitlinie Nr. 8. Verletzungen des Auges und seiner Anhangsgebilde, Leitlinien von BVA und DOG, August 2011.

Fremdkörper im **Gehörgang**

Ursachen

Fremdkörper im äußeren Gehörgang sind keine Seltenheit. Samenstände von Wildhafer und anderen Pflanzen (Grannen, Hacheln) sind auf Grund ihrer Struktur (Widerhaken) im Sommer besonders häufig vorzufindende Fremdkörper im Gehörgang. Auch Insekten oder Zecken können als Fremdkörper im äußeren Gehörgang vorkommen.

Symptome

Sie können zu folgenden Symptomen führen:

- Juckreiz
- Schmerzen
- Entzündungen
- langwierige Infektionen

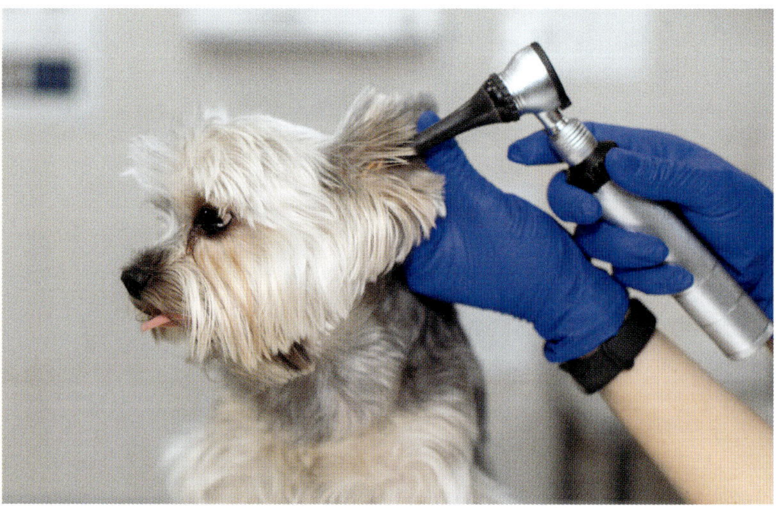

Untersuchung des äußeren Gehörgangs mit einem Otoskop.

Erste Hilfe

- Wenn Sie im Sommer die reifen Ähren am Straßenrand sehen, kontrollieren Sie nach jedem Spaziergang den ganzen Körper, die Pfoten und auch am und im Ohr, ob Samenstände (Grannen, Hacheln) im Fell hängengeblieben sind und entfernen Sie diese, wenn möglich.

- Benutzen Sie jedoch keinen Wattetupfer, um den Gehörgang zu reinigen. Sie könnten den Fremdkörper tiefer in den Gehörgang schieben.

- Auch Pinzetten sollten Sie nur benutzen, wenn Sie geübt sind und der Fremdkörper gut zu sehen ist.

- Andere Fremdkörper kann man versuchen, mit lauwarmem Wasser heraus zu spülen. Sie können eine kleine Gummiball-Ohrenspritze oder eine einfache Spritze benutzen, um Wasser mit etwas Druck in den Gehörgang zu drücken und so einen nicht festsitzenden Fremdkörper heraus zu spülen.

- Sollten Sie nicht erfolgreich sein, stellen Sie Ihr Tier zur genaueren Untersuchung des Gehörganges einem Tierarzt vor.

Weitere Maßnahmen

Nicht entfernte Fremdkörper sind insbesondere bei Hunden eine häufige Ursache für chronische Gehörgangsentzündungen. Mittels eines Otoskops (Ohrenspiegel) wird der Gehörgang bis zum Trommelfell inspiziert. Teilweise ist eine Sedierung oder Kurzzeitnarkose notwendig, um ohne Irritationen des Gehörganges den Fremdkörper mit Hilfe spezieller Zangen oder Häkchen zu entfernen. Es ist zu überprüfen, ob Schäden am Gehörgang, am Trommelfell oder am Mittelohr eingetreten sind.

Ist die Sicht durch Blut oder Sekret behindert, kann es notwendig sein, eine Gehörgangspülung vorzunehmen.
Verletzungen des Trommelfells und des Mittelohres sind mit starken Schmerzen verbunden, doch heilen nach dem Entfernen des Fremdkörpers in der Regel gut ab.
Ist die Symptomatik nach zwei Monaten trotz sorgfältiger Medikation nicht abgeheilt, ist wahrscheinlich eine Operation notwendig.

Die Grannen und Samen mancher Wildgräser wie zum Beispiel des Wildhafers können in den Gehörgang geraten.

Quellen

Kessler BW, Gehörgangsobstruktion. Aufgerufen am 24.06.2021 unter: https://www.msdmanuals.com/de-de/profi/hals-nasen-ohren-krankheiten/aussenohrerkrankungen/gehörgangsobstruktion

DEGAM Leitlinie Nr. 7: Ohrenschmerzen. Aufgerufen am 24.06.2021 unter: https://www.awmf.org/uploads/tx_szleitlinien/053-009l_S2k_Ohrenschmerzen_2014-12-abgelaufen.pdf

Fremdkörper in der **Haut**

Ursachen

Kleine Fremdkörper in der Haut oder dicht unter der Hautoberfläche können Holzsplitter, kleine Glasstücke, Dornen oder Stachel und sehr häufig Samenstände von Gräsern sein.
Diese können Sie bei Ihren Tieren normalerweise gut selbst entfernen. Die Haut ist nicht so empfindlich und weist bei kleineren Verletzungen eine schnelle Heilungstendenz auf.
Doch es gibt auch ernsthaftere Fälle, bei denen es zu deutlichen Symptomen kommen kann.

Symptome

- Der Fremdkörper liegt schon längere Zeit und die Wunde ist infiziert.

- Der Fremdkörper ist stark verschmutzt.

- Der Fremdkörper ist groß, tief eingedrungen und/oder die Wunde blutet stark.

- Der Fremdkörper sitzt in einer gefährlichen Körperregion (Auge, Maulhöhle).

Erste Hilfe

- Oberflächliche Fremdkörper ziehen Sie mit einer Pinzette heraus.
- Ist der Fremdkörper etwas tiefer eingedrungen, sollten Sie die Haare in der Region entfernen, Ihre Hände und die betroffene Region mit Wasser und Seife säubern und auch nach Möglichkeit mit einer alkoholischen Desinfektionslösung desinfizieren.
- Mit einer ebenfalls desinfizierten Nadel können Sie die Haut über dem Fremdkörper aufritzen und den Fremdkörper heraushebeln bzw. an einer Seite anheben, sodass Sie ihn mit einer Pinzette erfassen und herausziehen können.
- Danach waschen Sie die Region erneut und trocknen Sie sie.
- Der behandelte Bereich sollte innerhalb weniger Tage völlig abheilen. Ansonsten könnte noch ein Teil des Fremdkörpers in der Tiefe vorhanden sein. Dann stellen Sie Ihr Tier einem Tierarzt vor.
- Bei großen oder festsitzenden Fremdkörpern (Angelhaken) versuchen Sie nicht, diese selbst zu entfernen.
- Polstern Sie den Fremdkörper eventuell gegenüber dem Nachbargewebe ab und legen einen nicht drückenden Verband an.
- Auch bei sehr verschmutzten Fremdkörpern oder wenn es zu starken Blutungen gekommen ist nehmen Sie professionelle Hilfe in Anspruch.

Weitere Maßnahmen

Dicht unter der Hautoberfläche liegende, jedoch von außen nicht mehr sichtbare Fremdkörper können in der Regel gut durch eine Ultraschalluntersuchung nachgewiesen und dann operativ entfernt werden.
Kleine Fremdkörper können einheilen und verkapselt werden. Sie werden dann später eher zufällig zum Beispiel bei einer Röntgenuntersuchung entdeckt. Machen sie jedoch Beschwerden, wie Infektionen, Schmerzen durch Druck auf einen Nerv oder schränken die Bewegungen ein, müssen sie entfernt werden.

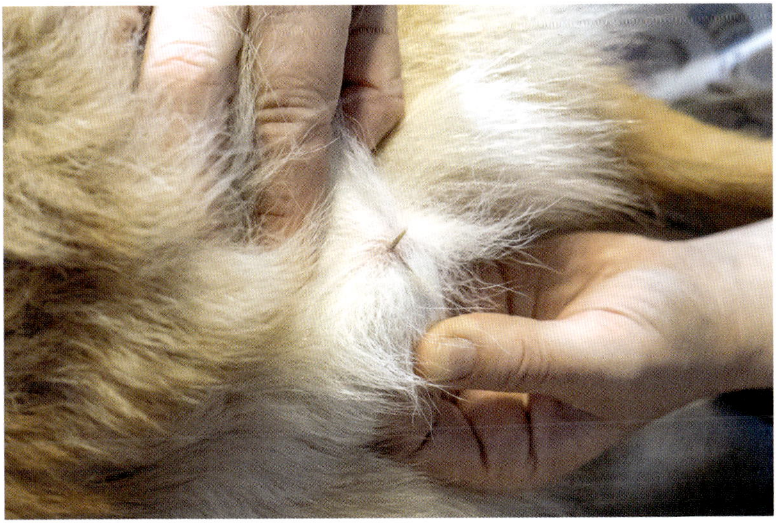

Spelzen und Grannen von Gräsern können die Haut durchdringen und zu Entzündungen führen.

Quellen

DIMDI: Operationen an Haut und Unterhaut, Kapitel 5, (5–89 … 5–92) OPS Version 2018, aufgerufen am 24.06.2021 unter: https://www.dimdi.de/static/de/klassifikationen/ops/kode-suche/opshtml2018/block-5-89...5-92.htm

Fremdkörper in der **Nase**

Ursachen

Fremdkörper in der Nase sind ebenfalls am häufigsten Samenstände von Wildhafer oder auch Grashalme. Auch beim Schnüffeln und Graben in der Erde kann es zu einem Fremdkörper in der Nase kommen.

Symptome

- heftiges Niesen
- Juckreiz, verbunden mit Kratzen
- Nasenausfluss, zunächst klar, später eventuell schleimig, eitrig oder teils blutig

Erste Hilfe

- Sofern Sie den Fremdkörper im vorderen Bereich der Nase sehen können, versuchen Sie ihn mit einer nicht zu spitzen Pinzette zu erfassen und herauszuziehen.
- Versuchen Sie nicht, ohne dass Sie den Fremdkörper sehen können, mit einer Pinzette „blind" zu greifen.
- Benutzen Sie kein Wattestäbchen. Sie würden den Fremdkörper nur tiefer in die Nase hineinschieben.

Sollten Sie erfolglos bleiben, stellen Sie Ihr Tier einem Tierarzt vor.

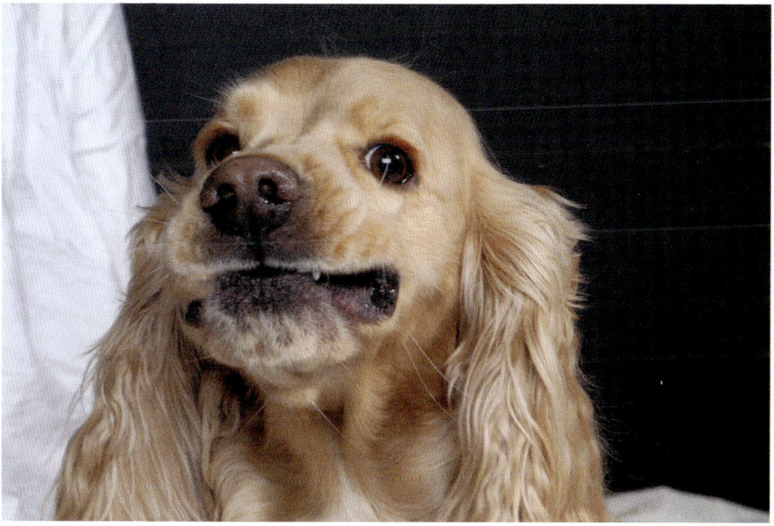

Häufiges Niesen kann ein Hinweis auf einen Fremdkörper in der Nase sein.

Weitere Maßnahmen

Fremdkörper in der Nase werden in der Regel mit Hilfe eines Spekulums und einer Pinzette oder speziellen Fasszange entfernt. Meist ist dazu eine kurze Allgemeinanästhesie notwendig.

Quellen

Tenwolde AC, Johnson LR, Hunt GB, Vernau W, Zwingenberger AL. The Role of Bronchoscopy in Foreign Body Removal in Dogs and Cats: 37 Cases (2000–2008). J Vet Int Med. 2010; 24, 1063–1068.

Midulla F, Guidi R, Barbato A et al. Foreign body aspiration in children. Pediatrics International. 2005; 47: 663–668.

Fremdkörper in der **Speiseröhre**

Ursachen

Bei gierigem Fressen kommt es manchmal dazu, dass ein zu großes Stück oder ein Stück Knochen abgeschluckt wird.
Die Fremdkörper bleiben in der Regel in einem Bereich hängen, wo die Speiseröhre natürlicherweise eingeengt ist. Das kann vor dem Brusteingang, über dem Herzen oder vor dem Magen sein. Auch pathologische Einengungen der Speiseröhre können dazu führen, dass Futterbrocken in der Speiseröhre hängen bleiben.
Die Gefahr besteht in einer Verlegung, Verletzung oder in einer Durchdringung (Perforation) der Speiseröhre.
Fremdkörper mit spitzen oder harten Kanten (Kotelett- und Geflügelknochen) sind besonders gefährlich. Doch auch glatte Objekte können zu Drucknekrosen und dem Risiko einer Perforation führen, wenn sie mehr als etwa 24 h in der Speiseröhre liegen.
Beim Verschlucken von Knopfbatterien kann es nicht nur zu einem Verschluss der Speiseröhre kommen, sondern sie können durch Verätzungen zu Perforationen führen.

Symptome

- verstärkter Speichelfluss
- keine Futteraufnahme
- Würgen
- Schmerzäußerungen
- teilweise veränderte Atmung

Fremdkörper in der Speiseröhre können nur durch einen Tierarzt endoskopisch oder chirurgisch entfernt werden. Stellen Sie Ihr Tier noch am gleichen Tag einem Tierarzt vor.

Ein Abwarten in der Hoffnung, dass der Fremdkörper doch noch von allein in den Magen gelangen könnte, ist keinesfalls sinnvoll.

Weitere Maßnahmen

Die Diagnose wird klinisch gestellt und durch Röntgen und/oder endoskopisch bestätigt. Oft kann der Fremdkörper in einer Allgemeinanästhesie endoskopisch entfernt werden. Teilweise ist auch eine Operation notwendig.

F

Quellen

Schultz RM, Zwingenberger A. Radiographic, computedtomographic, and ultrasonographic findings with migrating intra-thoracic grass awns in dogs and cats. Vet Rad Ultrasound. 2008; 49: 249–255.

Lotti U, Niebauer GW. Tracheobronchial foreign bodies of plant origin in 153 hunting dogs. J Am Anim Hosp Assoc. 1992; 14: 900–904.

Tivers MS, Hotston Moore A. Tracheal foreign bodies in the cat and the use of fluoroscopy for removal: 12 cases. J Small Anim Pract. 2006; 47:1 55–159.

Hawkins EC, DeNicola DB, Kuehn NF. Bronchoalveolar lavage in the evaluation of pulmonary disease in the dog and cat. State of the art. J Vet Intern Med. 1990; 4: 267–274.

Geburt und Geburtsschwierigkeiten

Hunde- und auch Katzenwelpen werden 58 bis 67 Tage, in seltenen Fällen bis zu 72 Tage nach der Paarung geboren.
In ca. drei bis sechs Prozent der Geburten kommt es zu Geburtsschwierigkeiten (Dystokie), und ein Kaiserschnitt ist häufig notwendig.
Es ist sinnvoll, bereits vor einem zu erwartenden Geburtstermin Ihre Katze oder Ihren Hund einem Tierarzt vorzustellen. Bei einem solchen Termin nach dem 50. Tag der Trächtigkeit kann mit Hilfe einer Röntgenaufnahme festgestellt werden, wie viele Welpen erwartet werden.

Ursachen

Die Gefahr einer Schwergeburt ist bei Einlingsträchtigkeiten bzw. nur sehr wenigen Früchten in der Gebärmutter und bei besonderen Rassen sowohl bei Hunden als auch bei Katzen deutlich größer.
Bei Devon Rex Katzen tritt beispielsweise bei ca. 18 % der Trächtigkeit eine Schwergeburt auf.
Auch großköpfige Rassen wie English Bulldog oder Französische Bulldoggen und andere kurzköpfige Rassen neigen zu Schwergeburten.

- Wenn die Wehen häufig, regelmäßig und stark sind und in 15 bis 30 Minuten kein Welpe geboren wird oder wenn bei wechselnder Wehentätigkeit nach zwei Stunden kein Welpe geboren wurde, sollte die Hündin oder die Katze zu einem Tierarzt gebracht werden.

- Ein dunkelgrüner Vaginalausfluss (Lochia) vor dem ersten Welpen ist normal. Diesem Ausfluss sollte innerhalb der nächsten 5 bis 10 Minuten der erste Welpe folgen. Doch haben Sie etwas Geduld.

- Starke Blutungen erfordern jedoch eine sofortige tierärztliche Untersuchung.
- Bei Katzen kann sich die gesamte Geburt aller Welpen bis zu 24 Stunden hinziehen.
- Bei manchen, insbesondere jungen Hündinnen oder auch bei Katzen, kann es zu einem gefährlichen Kalziummangel im Blut und dadurch zu einer lebensgefährlichen, als Eklampsie bezeichneten Stoffwechselstörung kommen (→ **Eklampsie**).
- Symptome einer Eklampsie sind Muskelzittern, Schwierigkeiten beim Gehen und Krämpfe. In diesen Fällen ist eine sofortige tierärztliche Versorgung notwendig.

An den Rändern der Wurfkiste angebrachte „Welpenschienen" oder Rahmen verhindern, dass die Mutter die Welpen versehentlich an die Wand oder in eine Ecke drücken kann.

Erste Hilfe

- Bereiten Sie einen sauberen, warmen und leicht zu reinigenden Bereich für die Geburt vor. Welpenschienen an den Rändern von Wurfkisten verhindern, dass sich die Mutter ganz an den Rand legen und eventuell einen Welpen einklemmen kann. Sie sind Lebensretter für Welpen.

- Überprüfen Sie die Mutter häufig, ohne den Prozess zu stören. Wiederholte Unterbrechungen verzögern nur die Geburt.

- Wenn ein Welpe im Geburtskanal sichtbar ist und festsitzt, fassen Sie die Füße vorsichtig mit einem sauberen Tuch und versuchen Sie die Geburt des Welpen durch leichtes Ziehen synchron mit einer Wehe zu unterstützen.

- Ziehen Sie nicht am Kopf. Wenn der Welpe nicht leicht herauskommt, bringen Sie Ihr Tier zu einem Tierarzt.

- Wenn der Welpe geboren wird, ist er in der Regel noch von den Eihäuten bedeckt. Wenn die Mutter diese nicht unmittelbar selbst entfernt, öffnen Sie diese in der Kopfregion des Welpen, sodass er atmen kann.

Was Sie nicht tun sollten

- Greifen Sie nicht in den Geburtskanal. Sie könnten Keime eintragen und eine Infektion hervorrufen.

- Holen Sie keine Welpen gewaltsam aus dem Geburtskanal. Das könnte zu Verletzungen an der Gebärmutter und zu starken Blutungen führen. In dieser Region liegen große Blutgefäße, sodass Ihr Tier verbluten könnte.

- Ziehen Sie nicht am Kopf oder an der Nabelschnur des Welpen.

- Wenn die Mutter die Nabelschnur nicht durchbeißt und entfernt, binden Sie diese mit einem Stück Schnur oder Zahnseide einige Zentimeter vom Bauch des Welpen selbst ab und durchtrennen Sie die Nabelschnur dann mit einer Schere ein Stück von der Abbindestelle nach außen entfernt.
- Tragen Sie 2 %ige Jodtinktur auf den gesamten Nabel auf (kaufen Sie diese vorher, nur für den Fall).
- Halten Sie die Welpen warm. Es ist am besten, sie bei ihrer Mutter zu lassen.
- Manchmal bleibt die Mutter nicht bei den Welpen. Benutzen Sie eine Wärmeflasche oder ein regelbares Heizkissen, jedoch auf keinen Fall einen Rotlichtstrahler. Rotlichtstrahler können sehr heiß werden.
- Je weniger Sie sich mit der Mutter befassen, umso eher wird sie bei ihren Welpen bleiben.
- Ermöglichen Sie den Welpen, sich von der Wärmequelle zu entfernen.

- Heben Sie nicht den Welpen an der Nabelschnur hoch.
- Stören Sie die Mutter nicht. Besonders junge Tiere müssen den Kontakt zu ihren Welpen erst aufbauen. Überlassen Sie die Mutter mit ihren Welpen sich selbst und beobachten Sie das Geschehen nur aus einiger Entfernung.
- Verbieten Sie der Mutter nicht, die Nachgeburten aufzufressen. Doch achten Sie darauf, dass die Anzahl der Nachgeburten mit der Anzahl der geborenen Welpen übereinstimmt.

Geht die Geburt nicht voran oder steckt ein Welpe im Geburtskanal fest, packen Sie die Welpen warm ein (Wärmflasche) und stellen Sie die Mutter einem Tierarzt vor.
Unter Umständen ist ein Kaiserschnitt notwendig.

Nach der Geburt

Sollte es der Hündin oder der Katze nach der Geburt schlecht gehen oder sich ihr Zustand allmählich verschlechtern, stellen Sie Ihr Tier einem Tierarzt vor. Es könnte sich noch ein Welpe oder eine Nachgeburt in der Gebärmutter befinden.
Blutig-brauner Ausfluss darf noch für längere Zeit bestehen. Er darf jedoch nicht eitrig werden. Dann stellen Sie Ihr Tier einem Tierarzt vor.
Auch nachlassende Milchbildung kann ein Zeichen für behandlungsbedürftige Störungen sein.

Weiterführende Maßnahmen

Den Zustand innerhalb eines Geburtsprozesses und mögliche Gründe für eine Störung im Geburtsablauf kann der Tierarzt sehr gut beurteilen.
Meist empfiehlt sich auch eine radiologische Untersuchung.
Abhängig von der konkreten Situation wird abwartend, medikamentös unterstützend oder chirurgisch einzugreifen sein.

Quellen

Walter B. FAQ für Berufseinsteiger – Kleintierpraxis. 1. Auflage. Stuttgart: Enke, 2016.

Wehrend A, Röcken F, Bostedt H et al.: Sectio caesarea bei Hund und Katze. Empfehlungen zum Geburtsmanagement bei Hund und Katze. Deutsches Tierärzteblatt. 2011; 2: 186–190.

Fux V: Evidenzbasierte Auswertung und klinische Untersuchungen zur Durchführung und Prognose der operativen Geburtshilfe beim Hund. Vet-Med Diss Justus-Liebig-Universität Gießen. Gießen: 2016.

Harnwegsverschluss (Ureterobstruktion, Urethraobstruktion)

Bei einem teilweisen oder kompletten Harnwegsverschluss ist kaum noch oder kein Harnabsatz mehr möglich. Es kann der Harnleiter, die Verbindung zwischen Niere und Blase (Ureter) oder in der überwiegenden Mehrzahl der Fälle die Harnröhre (Urethra) betroffen sein.
Dieser Notfall tritt beim Kater leider nicht selten auf.

Ursachen

In der Regel wird die mehr oder weniger komplette Verlegung der Harnröhre durch Kristallansammlungen oder Harnsteine verursacht. Auch Zellansammlungen spielen dabei eine Rolle.
Eine reine Trockenfutterfütterung und unzureichende Bewegung sowie Übergewicht tragen zu der immer häufiger zu diagnostizierenden Urethraobstruktion bei.
In seltenen Fällen können auch Tumore und andere Erkrankungen wie Rückenmarksverletzungen (Bandscheibenvorfall) und andere neurogene Blasenentleerungsstörungen den geregelten Harnabsatz verhindern.

Symptome

- gehäufte Versuche zum Harnabsatz
- teilweise wird die Katzentoilette nicht benutzt
- meist nur tropfenweise oder gar kein Harnabsatz
- Schmerzäußerungen
- häufiges Belecken des Penis

Wird die Verlegung der Harnröhre nicht zeitnah behoben, entstehen Folgeschäden an den Nieren sowie eine zunehmende Vergiftung durch nicht ausgeschiedene Bestandteile des Harns (Urämie).
Das Krankheitsbild verschärft sich innerhalb von Stunden und es drohen Schäden an den Nieren.
Es kommt zu:

- Störung des Allgemeinbefindens
- teils tröpfchenweise Blutabsatz
- Fieber
- Lethargie
- Erbrechen
- Blasenriss
- Schock

Eine ausschließliche Ernährung mit Trockenfutter kann, insbesondere bei Katern, häufiger zu Harnsteinen führen.

Erste Hilfe

Eine Behandlung durch den Tierbesitzer ist nicht möglich. Sobald Sie das Problem bemerken, bringen Sie Ihr Tier zu einem Tierarzt.

- Halten Sie Ihr Tier warm.
- Versuchen Sie nicht, die Blase auszudrücken.
- Flößen Sie keine harntreibenden Medikamente oder Tees ein.

Weiterführende Maßnahmen

Die einzig hilfreiche Therapie kann nur ein Tierarzt durchführen. Sie besteht in einer **zeitnahen Druckentlastung der Blase** und der **Wiederherstellung der Durchgängigkeit der Harnröhre** mittels Katheterisierung, notfalls zunächst durch eine Blasenpunktion.

Eine Blasenpunktion bedeutet das Ablassen des Harnes über eine direkt durch die Haut in die Blase eingeführte Kanüle.

Je früher diese entlastenden Maßnahmen durchgeführt werden, umso eher können Folgeschäden verhindert bzw. in ihrem Ausmaß begrenzt werden.

Ihr Tierarzt wird danach die Ursache der Harnabflussstörung zunächst durch **Röntgen der Harnwege** versuchen zu klären. Befinden sich Harnsteine nicht nur in der Harnröhre, sondern auch in der Harnblase, ist in der Regel eine Operation notwendig, da ansonsten mit einer erneuten Verlegung der Harnröhre gerechnet werden muss. Manchmal hilft auch ein nachhaltiges Spülen in Allgemeinanästhsie.

Um längerfristig ein Rezidiv zu verhindern, wird Ihr Tierarzt anhand der Ergebnisse einer mikroskopischen Harnuntersuchung bzw. einer Steinanalyse Ihnen entsprechende Hinweise im Hinblick auf die weitere Fütterung geben.

In manchen Fällen (z. B. bei Tumoren) sind auch weitere bildgebende Untersuchungen wie Ultraschall und Computertomografie indiziert.

Labordiagnostische Untersuchungen geben Auskunft über das Ausmaß der bereits eingetretenen Beeinträchtigung der Nierenfunktion, der Störung des inneren Milieus, dem Grad der Vergiftung durch den Rückstau harnpflichtiger Substanzen im Blut sowie eventuelle Auswirkungen auf die Funktion anderer Organe.

Davon abhängig kann der Tierarzt über die weitere medizinisch notwendige, medikamentöse und chirurgische Therapie entscheiden.

Quellen

https://www.thieme.de/viamedici/klinik-faecher-notfallmedizin-1539/a/harnverhalt-4185.htm aufgerufen am 24.06.2021

https://pubmed.ncbi.nlm.nih.gov/30277739/ aufgerufen am 24.06.2021

Hitzschlag → Überhitzung

Hornhautverletzung am Auge

Ursachen

Unter einer Hornhautverletzung des Auges versteht man Kratzer oder Abrieb auf der vorderen Schicht des Augapfels, der Hornhaut (physikalischen Schädigung). Das kann durch Zweige, Kratzen oder beim Spielen mit einer Katze, Sand, Späne, Dornen oder dergleichen passieren.

Symptome

- Schmerzen
- krampfhafter Lidschluss
- Lichtempfindlichkeit
- tränendes Auge
- Wischen mit der Vorderpfote über das Auge
- Rötung

Erste Hilfe

- Allgemein gilt – jede Augenverletzung sollte so schnell wie möglich tierärztlich versorgt werden.
- Können Sie einen einzelnen Fremdkörper wie Dornen erkennen, entfernen Sie ihn vorsichtig.
- Berühren Sie möglichst nicht den Augapfel.
- Benutzen Sie keine Pinzette, Wattestäbchen oder ähnliches.
- Sollte Ihnen das Entfernen eines Fremdkörpers nicht auf Anhieb gelingen, überlassen Sie es einem Tierarzt. Er wird Ihr Tier eventuell für die Behandlung etwas sedieren.
- Bei Fremdkörpern, wie Sand, spülen Sie das Auge ausgiebig mit warmem Wasser.
- Benutzen Sie keine Augenmedikamente ohne tierärztliche Anweisung.

Katzenkrallen können relativ leicht Hornhautverletzungen an Hundeaugen verursachen.

Weitere Maßnahmen

Leichte, oberflächliche Verletzungen der Hornhaut des Auges heilen in der Regel innerhalb von ein bis zwei Tagen komplikationslos ab.
Tiefe Hornhautverletzungen sollten immer einem Tierarzt vorgestellt werden.
Es können Keime in das Auge eingedrungen sein und die Gefahr von Folgeschäden im Inneren des Auges, wie Entzündungen, Infektionen und Verklebungen sowie Hornhauttrübungen, ist sehr hoch.
Der Tierarzt wird mittels Augenspiegel und Spaltlampe das Auge genauer untersuchen.
Eine antibiotische Versorgung und eventuell eine Schmerzmedikation sowie spezielle Medikamente, die Verwachsungen im Inneren des Auges vorbeugen, sind unumgänglich.

Quellen

Hertslet S, Jawinski G. Perforierende Hornhautverletzungen – Diagnose und Erstversorgung. Kleintier konkret. 2011; 14(S 01): 13–16.

Maggs DJ, Miller P, Mrcpsych MDD, Orfi R. Slatter's fundamentals of veterinary ophthalmology. Philadelphia: Saunders, 2017.

Insektenstich

Ursachen

Insektenstiche durch Bienen, Wespen, Hornissen oder Ameisenbisse usw. im Bereich der Haut sind meist harmlos und bedürfen keiner Behandlung.
Die auftretenden Symptome wie Juckreiz und Schwellungen klingen von allein ab.
In seltenen Fällen kann eine allergische Reaktion auftreten (→ **Anaphylaxie**) und dramatische Folgen haben.
Auch ein Stich im Bereich des Rachens kann auf Grund der auftretenden Schwellung behandlungsbedürftig sein.

Symptome

Bei Stichen im Bereich der Atemwege und im Maul ist deutlich mehr Sorgfalt geboten.
Bei einem oder mehreren dieser Symptome stellen Sie Ihr Tier so schnell wie möglich einem Tierarzt vor:

- Husten
- Schwellungen im Gesichtsbereich
- Atembeschwerden
- Anstieg der Herzfrequenz
- Erbrechen

Kommt es zu einem Insektenstich, ist die Reaktion darauf genau zu beobachten.

Erste Hilfe

- Das Entfernen des Stachels und leichte Kühlung des betroffenen Hautareals reichen meist aus.
- Beobachten Sie Ihr Tier in den nächsten 30 Minuten ein wenig.
- Verhindern Sie, dass Ihr Tier intensiv kratzt und es dadurch zu einer Wunde und nachfolgender Infektion kommt.

Weitere Maßnahmen

Weitere Maßnahmen sind, sofern noch nicht geschehen, den Bienenstachel mit dem Giftreservoir zu entfernen.
Finden sich die Stiche mit den nachfolgenden Schwellungen in Regionen, wo sie die Atmung behindern können, sind Mittel gegen Schwellungen zu geben.
Dem Tierarzt ist die Klassifikation des Schweregrades einer allergischen (anaphylaktischen) Reaktion geläufig und dementsprechend wird er abgestuft entsprechende Maßnahmen einleiten (→ **Allergische Reaktion (Anaphylaxie)**).

Quellen

Kohn B, Schwarz G. Praktikum der Hundeklinik. 12. Auflage. Stuttgart: Enke, 2017.

Sigrist N (Hrsg.). Notfallmedizin für Hund und Katze; Sofortmaßnahmen und sichere Aufarbeitung. Stuttgart: Enke, 2017.

Knochenbruch

Ursachen

Zu Knochenbrüchen kommt es durch ein heftiges Trauma oder Hängenbleiben mit einer Gliedmaße. Eine tierärztliche Hilfe ist unerlässlich.

Symptome

Bei Knochenbrüchen an den Beinen kann das Tier diese Gliedmaße nicht mehr benutzen. Es zeigt große Schmerzen. Die betroffene Gliedmaße erscheint deformiert. Ist die Haut durchtrennt, kann es zu einer starken Blutung kommen.

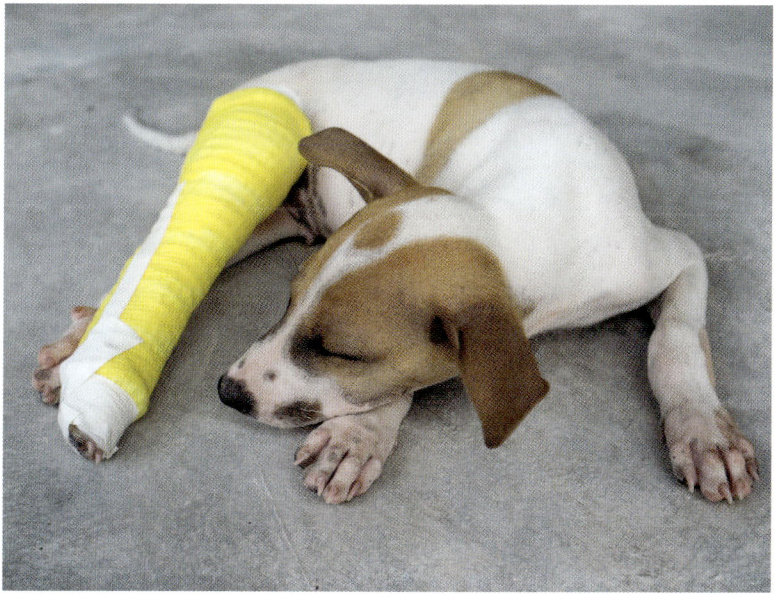

Dieser Knochenbruch wurde bereits chirurgisch versorgt.

Erste Hilfe

- Bei einer sehr starken, pulsierenden Blutung versuchen Sie diese zum Stehen zu bringen.
- Decken Sie die Wunde mit einem sauberen Tuch ab und üben Sie Druck auf die Wunde aus.
- Legen Sie einen Verband an (→ **Blutung**).
- Versuchen Sie nicht, den Knochen in die richtige Position zu bringen.
- Bei herausragenden Knochen versuchen Sie nicht, diese zurückzuschieben.
- Eventuell können Sie nach dem Anlegen eines provisorischen Verbandes eine Schiene anbringen, um das verletzte Bein ruhig zu stellen.
- Manipulieren Sie nicht zu viel. Dieses und Abwehrbewegungen des Tieres können zu weiteren Schäden an Blutgefäßen, Nerven und umliegenden Muskeln führen.
- Hüllen Sie Tier Ihr notfalls nur in eine Decke ein und fahren Sie zu einem Tierarzt.
- Befürchten Sie weitere Verletzungen an Schädelknochen oder inneren Organen, bewegen Sie Ihr Tier so wenig wie möglich.

Weitere Maßnahmen

Knochenbrüche werden in der Regel chirurgisch versorgt.
Dabei kommen, je nach der Lokalisation der Fraktur, verschiedene Methoden und Materialien zur Anwendung.
Um unmittelbar nach der chirurgischen Versorgung eine belastbare Verbindung zwischen den Bruchstücken zu erzielen, werden Schrauben, Platten, Marknägel, Drähte und externe Fixateure aus Metall verwendet. Dennoch ist eine Ruhighaltung für ca. fünf Monate zur Ausheilung der Fraktur notwendig.
Die zur Stabilisierung der Fraktur eingebrachten Materialien müssen teilweise nach Abschluss des Heilungsverlaufes wieder entfernt werden.

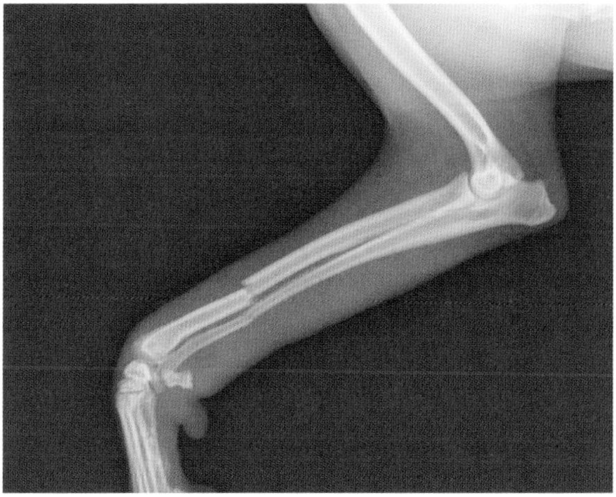

Fraktur von Elle und Speiche bei einem Hund

Quellen

Diehm MB. Frakturen der Extremitäten bei Hunden und Katzen – eine retrospektive Studie in den Jahren 2010–2013. Tierärztliche Hochsch. Hannover, Diss. Hannover: 2016.

Merck Manual Professional Version. Overview of fractures. http://www.merckmanuals.com/professional/injuries-poisoning/fractures/overview-of-fractures aufgerufen am 24.06.2021.

Krämpfe

Unter Krämpfen versteht man unwillkürliche und unkontrollierbare Kontraktionen der Muskulatur des Körpers. Sie werden durch spezielle Aktivitäten im Gehirn ausgelöst. Es können Teile des Körpers oder aber der gesamte Körper betroffen sein. Betroffene Tiere können bei Bewusstsein oder auch nicht ansprechbar sein. Länger anhaltende Krämpfe können zu Schäden im Gehirn, aber auch in anderen Organen führen.

Ursachen

Es gibt verschiedene Formen von Krämpfen mit unterschiedlichen Ausgangspunkten.
Zugrundeliegende Erkrankungen und Störungen können Epilepsie, Gifte, Unterzuckerung, Stoffwechselentgleisung im Zusammenhang mit einer Trächtigkeit und Milchbildung (Eklampsie), Hirntumoren und andere Erkrankungen sein.
Bei jungen Tieren spielen angeborene Probleme wie Innerer Wasserkopf (Hydrocephalus) oder Missbildungen an der Leber (portosystemischer Shunt) oder Epilepsie eine besondere Rolle.
Generalisierte Krämpfe mit Bewusstseinsverlust sollten unbedingt abgeklärt werden.

Symptome *(generalisierter Krampfanfall)*

- unwillkürliche, ausgedehnte Muskelkontraktionen
- Muskulatur ist verhärtet
- Bewusstseinsverlust
- Niederstürzen der Tiere

- Ruderbewegungen
- Verlust der Kontrolle über die Blase und den Mastdarm
- eventuell Beißen auf die Zunge

Erste Hilfe

- Schützen Sie Ihr Tier vor Verletzungen. Legen Sie es nicht erhöht, von wo es herunterfallen könnte. Schaffen Sie Platz um das Tier herum.
- Entfernen Sie andere Tiere aus dem Bereich des krampfenden Tieres, damit es nicht zu einem Angriff kommt.
- Fassen Sie nicht in die Maulhöhle des Tieres. Sie könnten gebissen werden. Tiere verschlucken ihre Zunge nicht!
- Wenn die Krämpfe länger als drei Minuten dauern, versuchen Sie, Ihr Tier zu kühlen und stellen Sie es einem Tierarzt vor. Auch bei wiederholten Krämpfen stellen Sie es einem Tierarzt vor.
- Nehmen Sie keinen Einfluss auf das Tier. Sie können einen Krampf nicht durch Erschrecken, Schlagen, Schreien, Wasser oder dergleichen beenden.
- Ist ein Krampfanfall zu Ende und Ihr Tier macht einen ganz normalen, aufmerksamen Eindruck, bieten sie ihm eine kleine Portion leicht verdauliches, zuckerhaltiges Futter an.
- Flößen Sie ihm nichts ein, wenn es nicht fressen oder trinken will.
- Wenn Ihr Tier definitiv nicht atmet, beginnen Sie mit der Wiederbelebung.

Weitere Maßnahmen

Ein akuter Krampfanfall stellt eine lebensbedrohliche Situation dar.
Hier muss so schnell wie möglich durch die Gabe eines krampflösenden Mittels (Antikonvulsivum) die akute Situation beendet werden.
Bestimmte Medikamente, die Ihr Tierarzt immer vorrätig hat, zeichnen sich bei intravenöser Gabe in der Regel durch einen schnellen Wirkungseintritt aus.
Teilweise kann der Krampfanfall aber auch erst durch eine Narkose beendet werden.
Nicht jede Krampfepisode sollte eine Dauermedikation zur Folge haben.
Eine Klärung der Ursache muss angestrebt werden. Kann diese nicht abgestellt werden, ist es das therapeutische Ziel, durch eine Dauermedikation eine Krampffreiheit oder zumindest eine Reduktion der Krampfanfälle zu erzielen.

Quellen

Schmidt MJ, Kramer M. MRT-Atlas ZNS-Befunde bei Hund und Katze. Stuttgart: Enke, 2015.

Wisner E, Zwingenberger A. Atlas of Small Animal CT and MRI. Hoboken: Wiley Blackwell, 2015.

Schwartz-Porsche D. Epilepsie-Fibel für Hundehalter, 2011. www.epilepsie-beim-hund.de aufgerufen am 24.06.2021.

Kopfverletzung → Schädel-Hirn-Trauma

Lähmung

Unter einer Lähmung versteht man die Unfähigkeit, Teile des Körpers aktiv zu bewegen. Die Lähmung kann schlaff oder verkrampft sein.

Ursachen

- Die Ursachen können vielfältig sein.
- Schäden durch Traumen und Entzündungen am Gehirn und am Rückenmark (Bandscheibenvorfall, Frakturen)
- Vergiftungen
- Stoffwechselentgleisungen
- spezielle Infektionskrankheiten
- Tumoren im Bereich des Nervensystems
- bei Katzen Blutgerinnsel im Bereich der großen Beinarterien (arterielle Verschlusskrankheit, Thrombose)

Symptome

- leichte (Parese) bis vollständige Lähmung (Paralyse), bei der keine Muskelkontraktionen mehr möglich sind
- teilweise spastische Lähmung mit erhöhtem Muskeltonus
- plötzlich oder fortschreitend auftretend

Erste Hilfe

- Beruhigen Sie Ihr Tier. Animieren Sie es nicht, sich zu bewegen.
- Manche Ursachen, wie eine Schädigung des Rückenmarkes können sehr schmerzhaft sein. Legen Sie vorsichtshalber einen Maulkorb an.
- Setzen Sie nicht selbständig Medikamente ein.
- Warten Sie nicht ab. Es liegt ein Notfall vor. Eventuell muss sofort operiert werden.
- Besteht der Verdacht einer Instabilität der Wirbelsäule nach einem Trauma, transportieren Sie Ihr Tier entsprechend vorsichtig.
- Hüllen Sie Ihr Tier in eine Decke ein und bringen Sie es in eine Tierklinik.
- Bei dem Verdacht einer Wirbelsäulenverletzungen tragen Sie Ihr Tier nicht, sondern versuchen Sie es liegend mit einer Ruhigstellung der Wirbelsäule zu transportieren.
- Die Behandlung einer Querschnittslähmung bei Katzen infolge eines Blutgerinnsels duldet keinen Aufschub. Der Zustand ist für die Katze äußerst schmerzhaft.

Zur Unterstützung der gelähmten Hinterhand sind inzwischen spezielle Wagen in verschiedenen Größen erhältlich.

Weitere Maßnahmen

Lähmungen haben ganz verschiedene Ursachen, sodass unterschiedliche Behandlungsstrategien notwendig sind.
In der Tiermedizin ist die häufigste Ursache von Lähmungen bei Hunden Druck auf das Rückenmark und die davon abgehenden Nervenwurzeln durch Traumata oder degenerative Veränderungen.
Bei Katzen kommt es nicht selten durch eine Grundkrankheit des Herzens zu Thromboembolien, die die großen Arterien der Hinterbeine teilweise oder vollständig verlegen können.
In beiden Fällen ist eine sofortige aufwendige Diagnostik (Computertomografie) und Therapie indiziert.
Bei Hunden ist teilweise eine konservative Therapie durch Ruhigstellung möglich. Sehr oft ist jedoch eine Operation angezeigt. Nicht rechtzeitig versorgt, bleibt die Lähmung bestehen.

Bei der Unterbrechung der Blutversorgung an den Hinterbeinen der Katzen konzentriert sich die Therapie darauf, das Thrombuswachstum zu stoppen und die Auflösung des Thrombus medikamentös zu beschleunigen.

Diese Therapie beginnt noch vor weiterer Diagnostik wie Ultraschall, Durchleuchtung mit Gefäßdarstellung und Computertomografie mit Gefäßdarstellung (CT-Angiografie). Auch eine Schmerztherapie und eine Volumensubstitution gehören zu den ersten Maßnahmen.

Das Auflösen des Thrombus kann medikamentös über einen venösen Zugang oder über einen in die Beinarterie unter Durchleuchtungskontrolle vorgeschobenen Katheter erfolgen.

Quellen

LBH: Proceedings 6. Leipziger Tierärztekongress – Tagungsband 1. 2011.

Kirsch A. Aortenthrombose bei der Katze. Veterinärspiegel. 2008; 18(02): 84–90.

Rossmeisl JH, Pancotto TE. Tumors of the Nervous System. In: Withrow and MacEwen's Small Animal Clinical Oncology (Sixth Edition). Philadelphia: Saunders, 2019. 657–674.

Spinal trauma. Merck Manual Professional Edition. https://www.merckmanuals.com/professional/injuries_poisoning/spinal_trauma/spinal_trauma aufgerufen am 24.06.2021.

Luxation

Bei einer Luxation verschieben sich die Knochenenden innerhalb eines Gelenkes vorübergehend (→ **Verstauchung**) oder permanent.
Bei einer echten Luxation können die Knochenenden teilweise oder vollständig aus dem Gelenk herausspringen und Zerreißungen an der Gelenkkapsel sowie an den anliegenden Bändern verursachen.

Ursachen

Die Ursache ist normalerweise ein starkes Trauma durch einen Unfall oder dergleichen. Davon sind in der Regel größere Gelenke betroffen.
Bei kleinen Hunden, wie Pudel oder Shih Tzu, springt infolge angeborener Deformationen im Kniegelenk häufig die Kniescheibe aus ihrer Gelenkfläche heraus (Patellaluxation).

Pudel mit für eine Patellaluxation typischem angehobenem Hinterbein.

Große Rassen leiden häufiger unter Hüftgelenk- und Ellenbogengelenk-Problemen (Ellenbogengelenks-Dysplasie, Hüftgelenksdysplasie). Allerdings treten hierbei nur in sehr schweren Fällen echte Luxationen auf.

Symptome

- Luxationen sind sehr schmerzhaft.
- Das entsprechende Gelenk kann nicht mehr bewegt werden.
- Durch Zerreißungen an den Gelenkkapselgefäßen entstehen Schwellungen und Blutergüsse am und im Gelenk.
- Teilweise kann man eine Stufenbildung und einen Hohlraum im Gelenkbereich ertasten.
- Es kann zu abnormen Gelenkstellungen kommen.

Erste Hilfe

- **Das Gelenk sollte nicht mehr bewegt werden.**
- **Versuchen Sie nicht, das Gelenk wieder in die richtige Position zu bringen. Es könnte zu weiteren Schäden an den knorpeligen Gelenkflächen sowie an Nerven, Blutgefäßen und Bändern der Region kommen.**
- **Sie können durch Kühlen mittels eines nassen Verbandes das Anschwellen des Gelenkes bis zum Eintreffen beim Tierarzt mildern.**
- **Das Beheben einer Luxation ist Sache eines Tierarztes.**

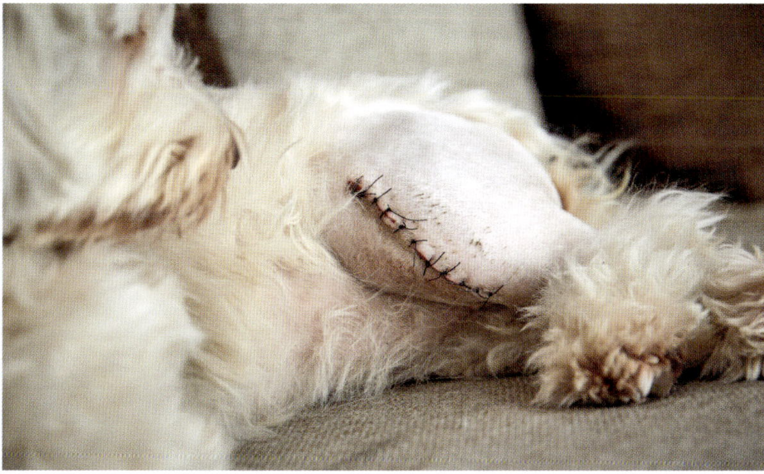

Bei einer wiederholt auftretenden Patellaluxation ist eine chirurgische Korrektur der anatomischen Verhältnisse sinnvoll.

Weitere Maßnahmen

Eine sorgfältige klinische Untersuchung gibt Hinweise bei traumatisch bedingten Luxationen darauf, ob Bänder verletzt sind und ob zusätzlich Nerven oder Blutgefäße geschädigt sind.
Danach erfolgen in der Regel weitere Untersuchungen am Gelenk unter Allgemeinanästhesie sowie mehrere Röntgenaufnahmen.
Ist nach der Zurückverlagerung der Gelenkanteile in die korrekte anatomische Lage keine Stabilität zu erreichen, muss operiert werden.
Eine gewisse Sonderstellung nimmt die bei kleinen Rassen meist genetisch bedingte instabile Lage der Kniescheibe ein. Ursache sind veränderte anatomische Verhältnisse, die je nach Ausgangssituation mit unterschiedlichen Methoden sehr erfolgreich chirurgisch stabilisiert werden können.

Quellen

Fehr M, Thomas M, Baur S, Köstlinger S. Frakturen und Luxation beim Kleinsäuger. Tierärztliche Praxis Ausgabe K: Kleintiere. 2011; 39(05), 343–352.

Kriegsheim A.: Eine retrospektive Studie über Gelenksluxationen der Gliedmaßen bei Hund und Katze. Vet.-med. Diss. Berlin: 2001.

Magen-Darm-Entzündung (Gastroenteritis)

Ursachen

Unter einer Gastroenteritis versteht man eine Entzündung des Magen-Darm-Traktes.
Ursächlich kommen Viren, Bakterien, Parasiten, Medikamentennebenwirkungen oder unverträgliche Lebensmittel in Betracht.

Symptome

- Appetitlosigkeit
- Übelkeit (Speichelfluss, Würgen)
- Erbrechen
- Darmgeräusche
- Durchfall
- Fieber (nicht immer)

Appetitlosigkeit kann ein Symptom für eine Gastroenteritis sein.

Erste Hilfe

- Bieten Sie Ihrem Tier häufig kleine Mengen Wasser an.
- Achten Sie darauf, ob Ihr Tier wie üblich (Häufigkeit, Menge, Farbe) Harn absetzt.
- Bieten Sie kleine Mahlzeiten mit leicht verdaulichem Futter (Reis, Hühnchen) oder handelsüblichen Diäten für Magen-Darm-Entzündungen an.
- Bleibt das Erbrechen bestehen, füttern Sie zunächst für 24 Stunden nichts mehr.
- Bleibt das Erbrechen auch nach Wasseraufnahme bestehen, stellen Sie Ihr Tier einem Tierarzt vor, da eine Dehydratation (Austrocknung) droht.
- Welpen sollten Sie bereits bei den ersten Symptomen einem Tierarzt vorstellen.

Auch bei blutigem Erbrechen oder blutigem Durchfall oder deutlichem Fieber (>39 °C) stellen Sie Ihr Tier sofort einem Tierarzt vor.

Weitere Maßnahmen

Die Diagnose Gastroenteritis wird klinisch gestellt.
Die Ursache der aktuellen Entzündungen des Magen-Darm-Traktes wird durch labordiagnostische Untersuchungen ermittelt. Diese sind Kotanalysen, Schnelltests zum Erregernachweis, parasitologische und bakteriologische Untersuchungen.
Dem Ergebnis entsprechend wird gegen spezielle Erreger vorgegangen oder nur symptomatisch behandelt.
Insbesondere Virusinfektionen können bei Hunden und Katzen sehr schwere Krankheitsverläufe auslösen. Sie sind häufig von wässrigen Diarrhöen geprägt und können insbesondere bei Jungtieren schnell zu einer Dehydratation führen.
Weitere Maßnahmen bei einer Dehydratation sind unter Dehydratation (→ **Dehydratation**) aufgeführt.

Quellen

Strauch Ch. Vergleich von Therapieformen der idiopathischen hämorrhagischen Gastroenteritis (HGE) beim Hund. Inaugural-Diss. München: 2004.

Unterer S, Hartmann K. Akuter blutiger Durchfall beim Hund – Ursachen und diagnostische Aufarbeitung. Tierarztl Prax Ausg K. 2009; 37(04): 261–268.

Magendrehung (Torsio ventriculi)

Ursachen

Bei einer Magendrehung dreht sich der Magen aus seiner üblichen Position um seine Längsachse, sodass Luft und sonstiger Mageninhalt nicht mehr entweichen können.
Die Blutversorgung des Magens und teilweise auch der Milz wird dadurch nachhaltig eingeschränkt. Die Ansammlung von Gas im Magen verursacht den tonnenfömig vergrößerten Magen.
Die mangelhafte Durchblutung und der Druckanstieg im Magen führen zum Absterben des betroffenen Gewebes.
Meist sind große Hunderassen betroffen wie Deutsche Dogge und Deutscher Schäferhund. Aber auch Rassen wie der Akita Inu und der Shar-Pei scheinen besonders anfällig für das Erleiden einer Magendrehung zu sein.
Auch die Fütterung von Trockenfutter und die anschließende Aufnahme größerer Flüssigkeitsmengen können zu einer Magendrehung beitragen
Bei diesen Hunderassen oder bei Tieren, die schon einmal eine Magendrehung erlitten haben, sind pro Tag häufiger kleine Mahlzeiten zu füttern.

Symptome

- Unruhe
- zunehmende, teils massive Aufgasung des Magens ein bis zwei Stunden nach der letzten Fütterung, verbunden mit einem großen Bauchumfang
- erfolglose Versuche zu erbrechen
- Schocksymptomatik

Erste Hilfe

- Eine Magendrehung ist einer der schwerwiegendsten Notfälle in der Kleintiermedizin.
- Es ist ein sofortiger (!) Transport in eine Tierklinik notwendig. Ohne professionelle Hilfe ist dieser Notfall nicht zu beheben, sondern führt innerhalb von wenigen Stunden zum Tod des Tieres. Meist ist eine Operation notwendig.
- Versuchen Sie nicht selbst, das Gas aus dem Magen zu entfernen.
- Flößen Sie nichts ein.
- Achten Sie auf frühzeitige Symptome wie Speicheln, erfolglose Versuche zu erbrechen, Unruhe, Schmerzäußerungen und Atemnot.

Findet die Operation innerhalb von sechs Stunden nach dem Eintritt einer Magendrehung statt, sind die Erfolgsaussichten gut. Die Prognose für eine erfolgreiche Therapie liegt bei 80–90 %. Je mehr Zeit zwischen dem Erleiden einer Magendrehung und der meist chirurgischen Wiederherstellung der normalen anatomischen Verhältnisse vergeht, um so schlechter sind die Erfolgsaussichten.

Weitere Maßnahmen

In den seltensten Fällen ist eine Therapie ohne Operation möglich. Die Therapie (Schockbehandlung und Operation) wird unmittelbar nach dem Eintreffen des Tieres in der Klinik eingeleitet.

Die Prognose ist ungünstig, wenn

- die Magendrehung seit über sechs Stunden besteht,
- hohe Laktatwerte im Blut einen ausgeprägten Sauerstoffmangel infolge einer Minderdurchblutung anzeigen,
- die Magenwand bereits teilweise abgestorben ist und entfernt werden muss (partielle Magenresektion oder einstülpende Naht),
- zusätzlich die Milz entfernt werden muss.
- bereits eine Bauchfellentzündung (Peritonitis) und/oder eine Blutvergiftung (Sepsis) vorliegen.

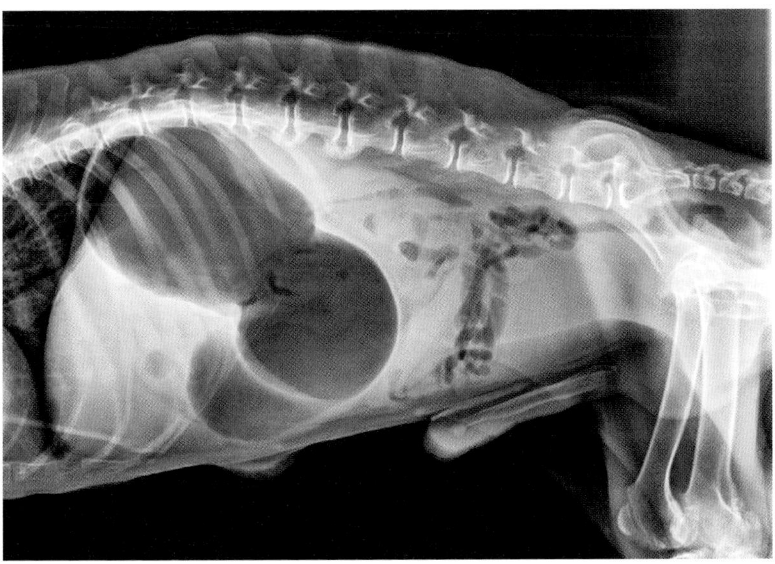

Röntgenaufnahme einer Magendrehung beim Hund.

Zum Abschluss der Operation empfiehlt sich eine Fixierung des Magens mittels spezieller Methoden an der Bauchwand (Gastropexie).
Die Gastropexie verhindert, dass sich der Magen erneut verlagern kann. Die Rezidivrate, das heißt das erneute Auftreten einer Magendrehung zu einem späteren Zeitpunkt, ist dadurch deutlich reduziert.
Die Sepsis- und Schockbehandlung wird auch nach der Operation fortgesetzt.
Nach der Operation (24 bis 36 Stunden) besteht das größte Risiko in Herzrhythmusstörungen. Eine elektrokardiografische Überwachung ist notwendig und hat bei rechtzeitiger, teils wiederholter Gabe von entsprechenden Medikamenten eine gute Prognose.

Quellen

Koch D. Magendrehung beim Hund. Kleintier konkret. 2010; 13(05): 3–6.

Hellweg P, Zentek J. Risikofaktoren im Zusammenhang mit der Magendrehung des Hundes. Kleintierpraxis 50. 2005; 10: 611–620.

Ohnmacht (Synkope)

Ursachen

Ohnmacht (kurze Bewusstlosigkeit, Synkope) tritt auf, wenn das Gehirn vorübergehend nicht mit genügend Blut versorgt wird und dadurch einen Sauerstoffmangel erleidet.
Meist ist der Bewusstseinsverlust nur kurz, kann aber Ausdruck einer ernsthaften Funktionsstörung des Herzens sein. Meist sind Herzrhythmusstörungen oder Erkrankungen am Herzbeutel die Ursache.
Synkopen treten bei Hunden öfter auf. Bei Katzen sind sie eine Rarität.
Auch nach einem Trauma oder Sturz kann es zur Bewusstlosigkeit kommen.

Symptome

- plötzlich auftretend
- Zusammensinken des Tieres
- von kurzer Dauer
- kein Harnabsatz

Kurze Ohnmachten treten auf, wenn das Gehirn nicht genügend mit Sauerstoff versorgt wird.

Erste Hilfe

- Legen Sie Ihr Tier auf die rechte Seite, entfernen Sie den Maulkorb, öffnen Sie den Fang und ziehen Sie die Zunge leicht (!) nach vorn.
- Wenn keine Verletzungen vorliegen und das Tier atmet, lassen Sie es seitlich auf dem Boden liegen, bis es von allein aufstehen möchte. Tragen Sie es nicht auf die Couch oder dergleichen. Es könnte bei Aufstehversuchen taumeln und herunterfallen.
- Wenn Sie unterwegs sind, brechen Sie einen Spaziergang sofort ab. Lassen Sie dem Tier reichlich Zeit, sich an Ort und Stelle zu erholen. Lockern Sie das Halsband.
- Sollte Ihr Tier nicht innerhalb von einer Minute wieder von allein aufstehen oder stark blutende Verletzungen aufweisen, versuchen Sie es sofort zu einem Tierarzt zu bringen. Notfalls rufen Sie andere Menschen zu Hilfe.
- Bei sehr starken Blutungen nach einem Sturz oder einem Trauma anderer Ursache (Verkehrsunfall) versuchen Sie, die Blutung durch eine Kompression zu stoppen oder zu mildern, bis Sie beim Tierarzt eintreffen.

Weitere Maßnahmen

Synkopen können viele Ursachen haben. Meist werden sie jedoch durch eine verminderte Herzleistung verursacht, sodass genauere Untersuchungen zur Herzfunktion anzuraten sind. EKG, Herzultraschall, Röntgen und bestimmte Labortests stehen im Vordergrund. Teilweise sind neurologische Untersuchungen notwendig.
Erst nach Klärung der Ursache ist eine entsprechende Therapie möglich.

- Stellen Sie keine Atmung und Herztätigkeit fest, kann man auch beim Tier eine Herzmassage und Beatmung (→ **Wiederbelebung, Reanimation, S. 16**) durchführen.

- Bedenken Sie, dass es sich teilweise um einen kleinen Organismus handelt und Sie nicht mehr Kraft aufwenden dürfen als beispielsweise bei kleinen Kindern vergleichbarer Größe.

- Üben Sie den Druck auf die Herzregion kurz hinter dem Ellenbogen auf der linken Körperseite bei Ihrem auf der rechten Körperseite liegenden Tier aus und halten eventuell rechts mit der anderen Hand etwas dagegen. Nach ca. 15 Druckimpulsen beatmen Sie einmal. Danach folgen wieder ca. 15 Druckimpulse usw.

- Bei der Beatmung über die Nasenlöcher benutzen Sie ein Tuch, beugen den Kopf des Tieres leicht nach hinten und blasen nicht zu kräftig. Der Brustkorb soll sich nur leicht heben. Wenn Sie den Kopf des Tieres nicht nach hinten beugen, könnten Sie Ihre Atemluft eventuell in den Magen des Tieres blasen.

R

Quellen

Sigrist N. Notfallmedizin für Hund und Katze. Stuttgart: Enke, 2017.

Rose A, Resch S. Die Synkope. Was ist los, wenn der Hund umfällt? Team konkret. 2016; 12(02): 20–23.

Killich M. (Hrsg.). Kleintierkardiologie, Diagnose und Therapie von Herzerkrankungen bei Hund, Katze und Heimtieren, Teil 2 Diagnostik. Stuttgart: Thieme, 2019.

Reisekrankheit

Ursachen

Die sogenannte Reisekrankheit ist auch bei Tieren weit verbreitet. Sie wird durch Störungen des Gleichgewichtssinnes ausgelöst. Ursächlich dafür kommen Bewegungsreize, wie Autofahren oder der Aufenthalt in einem Flugzeug oder auf einem Schiff, in Betracht.

Symptome

- Jammern
- verstärkte Speichelbildung
- Schwindel (Taumeln)
- Erbrechen

Ob angeschnallt auf der Rückbank oder in einer Box: Probieren Sie aus, was Ihr Hund oder Ihre Katze am besten verträgt.

Erste Hilfe

- Empfehlungen, wie sie für den Menschen gelten, können Sie beim Tier nicht umsetzen. Am ehesten können Sie organisieren, dass Ihr Tier in Fahrtrichtung ausgerichtet ist.
- Versuchen Sie, Ihr Tier allmählich an eine Reise im Auto zu gewöhnen.
- Füttern Sie Ihr Tier vor Reiseantritt nicht.
- Geben Sie Ihrem Tier spätestens 30 Minuten vor Reiseantritt eine „Reisetablette" vom Tierarzt und halten Sie sich an die Dosierung. Es kann zu Schläfrigkeit und Benommenheit bei Ihrem Tier kommen.
- Unterbrechen Sie eine längere Fahrt öfters und nehmen Sie Ihr Tier in dieser Zeit aus dem Auto.
- Achten Sie bei längeren Fahrten auf genügend Wasser für Ihr Tier.

Quellen

Jelinek T.: Kursbuch Reisemedizin: Beratung, Prophylaxe, Reisen mit Erkrankungen. Stuttgart: Thieme, 2012.

Koch A, Cascorbi I, Westhofen M, Dafotakis M, Klapa S, Kuhtz-Buschbeck JP: See- und Reisekrankheit. Therapeutische Strategien und neurophysiologische Aspekte der Kinetosen. Dtsch Arztebl Int. 2018; 115: 687–96.

Schädel-Hirn-Trauma

Ursachen

Auch kleinere Verletzungen im Kopfbereich können stark bluten. Sie sind aber meist harmlos und heilen schnell ab.
Dabei kommt es zu einer Schädelprellung ohne Beteiligung des Gehirns.
Dennoch gönnen Sie Ihrem Tier vorsorglich in den nächsten Stunden bis Tagen etwas Ruhe.
Bei ernsthaften Verletzungen, beispielsweise durch einen Verkehrsunfall oder einen Sturz mit einem schweren Schädel-Hirn-Trauma, liegt jedoch ein Notfall vor.
Es kommt dabei neben der Verletzung am Schädel zu einer Beteiligung des Gehirns, etwa durch eine Hirnschwellung oder eine Blutung im Gehirn.
Die möglichen Folgen reichen von einer leichten Gehirnerschütterung bis zum Tod des Tieres.
Die Symptome können auch erst einige Stunden nach dem Trauma deutlich werden.

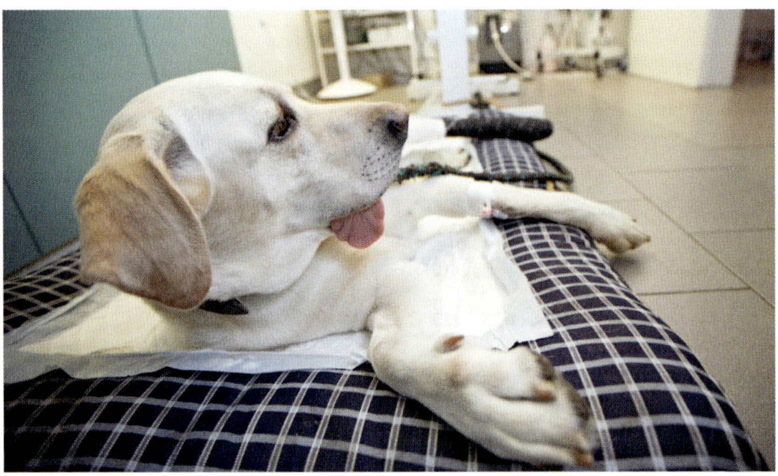

Nach einem Unfall mit Kopfverletzung ist eine sorgfältige Diagnostik nötig.

Symptome

- Benommenheit
- Kopfschütteln
- Taumeln
- Desorientiertheit
- Bewusstlosigkeit
- starkes Bluten
- Blutung aus der Nase oder Ohren
- Blutergüsse im Augenbereich
- Verweigerung der Futteraufnahme
- Erbrechen
- Krämpfe
- Koma

Erste Hilfe

- Halten Sie Ihr Tier möglichst ruhig.
- Bewegen Sie es nicht unnötig.
- Bewegen Sie insbesondere nicht den Kopf-Hals-Bereich.
- Entfernen Sie das Halsband vorsichtig.
- Decken Sie die Blutungsquelle mit einem sauberen Tuch ab.
- Üben Sie keinen Druck aus (Schädelbruch?).
- Halten Sie Ihr Tier warm.
- Transportieren Sie Ihr Tier sofort in eine Tierklinik.
- Kündigen Sie möglichst Ihr Kommen in der Tierklinik an.

Weiterführende Maßnahmen

Bei einem ernsthaften Schädel-Hirn-Trauma ist die Computertomografie des Kopfes die wichtigste diagnostische Maßnahme. Weitere Verletzungen, wie eine Verletzung der Halswirbelsäule, müssen radiologisch ausgeschlossen und der Patient bis dahin möglichst ruhiggestellt werden.
Abhängig von den Ergebnissen der radiologischen Untersuchungen sind eventuell Operationen notwendig.
Bei Patienten mit einem sehr schweren Schädel-Hirn-Trauma müssen Herztätigkeit, Blutdruck, Atmung und Körpertemperatur sowie der Wasser- und Elektrolythaushalt überwacht und gegebenenfalls therapeutisch unterstützt werden.
Es erfolgt in der Regel eine Infusionstherapie und teilweise auch eine künstliche Ernährung.

Quellen

Lausberg F, Erste Hilfe für den Hund: Symptome erkennen, schnell handeln. Stuttgart: Kosmos, 2013.

Schmidt M, Kramer M (Hrsg.). MRT-Atlas ZNS-Befunde bei Hund und Katze. Stuttgart: Enke, 2015.

Schlaganfall

Ursachen

Auch bei Tieren kann es zu Schlaganfällen kommen, auch wenn sie längst nicht die Bedeutung wie beim Menschen haben.
Von einem Schlaganfall spricht man, wenn es zu Blutungen innerhalb des Gehirnes kommt, oder der Blutfluss zum Gehirn oder in Bereichen des Gehirnes durch ein Gerinnsel eingeschränkt oder aufgehoben ist. Die Einschränkung der Blutversorgung kann zum Absterben von Arealen im Gehirn führen, was seinerseits entsprechende Funktionsausfälle nach sich zieht.
In der Kleintiermedizin wird ein Schlaganfall meist durch ein Blutgerinnsel ausgelöst.

Symptome

Die wesentlichsten Ausfallserscheinungen beim Tier sind das plötzliche Auftreten von

- Desorientiertheit
- Taumeln
- Erbrechen
- Unfähigkeit zu laufen
- Lähmungen
- Benommenheit
- Bewusstlosigkeit
- Seh- und Hörverlust

Symptome, die Hinweise auf eine Funktionsstörung des Gehirns geben, sollten Sie veranlassen, sofort einen Tierarzt aufzusuchen.

S

Weitere Maßnahmen

Therapeutische Grundsätze sind die Stabilisierung der Vitalfunktionen.
Diese sind die Herz-Kreislauffunktion, die Lungenfunktion, die Nierenfunktion, der Wasser- und Elektrolythaushalt sowie der Säuren-Basen-Status.
Da ursächlich meist von einem Blutgerinnsel auszugehen ist, stehen eine Lysetherapie (medikamentöse Auflösung eines Gerinnsels), die Optimierung der Herzfunktion und der Fließeigenschaften des Blutes im Vordergrund.
Die Lysetherapie kann durch gerinnungshemmende, die Fließeigenschaften des Blutes verbessernde Maßnahmen unterstützt werden.
Eine chirurgische Entfernung des Gerinnsels im Gehirn kommt in der Tiermedizin nicht in Betracht.
Teilweise wird auch eine plötzlich auftretende Störung im Innenohr (idiopathisches/geriatrisches Vestibulärsyndrom des Hundes) fälschlicherweise als Schlaganfall bezeichnet. Die Symptome und auch die Therapie sind ähnlich.

Quellen

Gredahl H, Toft N, Westru U, Motta L, Gideon P, Arlien-Søborg P, Skerritt GC, Berendt M: Survival and clinical outcome of dogs with ischaemic stroke. The Veterinary Journal. 2013; 196 (3): 408–413.

Wessmann A, Chandler K, Garosi l. Ischaemic and haemorrhagic stroke in the dog. The Veterinary Journal, 2009; 180(3): 290–303.

Schlangenbiss

Ursachen

In Deutschland gibt es kaum giftige Schlangen. Für Bissverletzungen durch Schlangen im Ausland sei auf Spezialliteratur verwiesen.
Von Bedeutung ist die Kreuzotter. Sie ist streng geschützt und von sich aus nicht aggressiv. Dennoch kann es beim Stöbern von Hunden zu Bissverletzungen kommen.
Bei einem Biss durch eine Kreuzotter gelangt dabei ein Gemisch aus verschieden wirkenden Bestandteilen in den Körper des gebissenen Tieres.
Die Inhaltsstoffe des Schlangengiftes wirken gerinnungshemmend, erhöhen die Durchlässigkeit der Blutgefäßwände, schädigen Muskel- und Nervenzellen und können zum Zerfall roter Blutkörperchen sowie zu Lähmungen führen.

Kreuzotter.

Gefährdet sind auf Grund der Toxizität des Giftes und der bei einem Biss in den Körper eingedrungenen Menge an Gift insbesondere Tiere mit weniger als zehn Kilo Köpergewicht. Das betrifft kleine Hunderassen, Junghunde und Katzen.

Symptome

Bei Bissverletzungen durch Schlangen sind meist die Beine betroffen, aber auch im Bereich des Gesichtes kommen bei Hunden und Katzen Schlangenbisse vor.
Je dichter der Biss im Bereich des Gehirns liegt, umso schneller und gravierender ist die Wirkung der Toxine.

Die Symptome im Einzelnen können sein:

- Schwäche
- Taumeln
- Erbrechen
- Durchfall
- erhöhte Atem- und Herzfrequenz
- lokale, sehr schmerzhafte Ödeme
- Gerinnungsstörung
- Zerstörung der Blutzellen (Hämolyse)
- Lähmungen
- Schock
- Koma

24 Stunden nach dem Biss einer Kreuzotter ist es hier zu einer schweren Gewebeschädigung, Blutung und einem Ödem gekommen.

Erste Hilfe

- Reinigen Sie die Bisswunde mit Wasser und Seife und decken Sie die Wunde ab. Fahren Sie fort wie bei jeder anderen Verletzung.
- Binden Sie bei einem Biss in eine Gliedmaße das entsprechende Bein nicht ab (kein Tourniquet).
- Schneiden Sie nicht in die Wunde, um das Gift herauszuspülen. Versuchen Sie auch nicht, das Gift auf eine andere Art zu entfernen.
- Schaden Sie nicht der Schlange, sie steht unter Naturschutz, und versuchen Sie nicht, sie zu fangen.
- Die Notwendigkeit, einen Tierarzt sofort aufzusuchen, besteht bei Katzen und kleinen Hunden (<10 kg Körpermasse), bei Bissen im Gesicht des Tieres sowie bei deutlichen Schwellungen und Schmerzsymptomen an der Bissstelle.

Weitere Maßnahmen

Die Therapie bei einer Schlangengiftintoxikation durch eine Kreuzotter erfolgt in erster Linie symptomatisch, das heißt die Vitalfunktionen werden sichergestellt und unterstützt.
Es gibt zwar ein Antiserum, doch kann die Gabe mit allergischen Reaktionen verbunden sein.
Andererseits muss man bedenken, dass man ein Antiserum so früh wie möglich nach einem Schlangenbiss verabreichen sollte, da ansonsten mit einer immer geringer werdenden Wirkung zu rechnen ist.

Quellen

Turković V, Teichmann S, Dörfelt R. Kreuzotterbisse bei Hunden in Süddeutschland. Tierarztl Prax Ausg K. 2015; 43(04), 221–230.

Schnittverletzung

Ursachen

Schnittverletzungen im Bereich der Pfoten sind keine Seltenheit. Es kann zu Blutungen kommen. Diese hören in der Regel nach kurzer Zeit von selbst auf.
Bei glatten Rändern verheilen kleine Schnittverletzungen in der Regel sehr schnell.
Ernsthafte Schnittverletzungen treten beispielsweise beim Springen in Glasscherben oder einen aufrechtstehenden Flaschenboden auf. Dabei kann es zu tiefen Schnittverletzungen mit der Beteiligung von Blutgefäßen, Sehnen, Bändern und Gelenken kommen.

Symptome

- linienförmige Durchtrennung der Haut und eventuell darunterliegender Schichten
- glatte Wundränder
- klaffende Wundränder
- mehr oder weniger starke Blutung, teils pulsierend
- Lahmheit durch Schmerzen infolge von Nervenschädigungen

Weitere Symptome sind davon abhängig, welche Strukturen zusätzlich zur Haut und dem darunterliegenden Weichteilgewebe verletzt wurden.

Erste Hilfe

- Kleinere Schnittverletzungen zur Selbstreinigung etwas bluten lassen.
- Nach Waschen der Hände mit einem sauberen Tuch Druck auf die Wunde ausüben, bis die Blutung steht.
- Verschmutzte Wunden mit frischem, am besten fließendem Leitungswasser reinigen.
- Die Umgebung mit Seife waschen.
- Kleine Wunden können Sie mit einer antibiotisch wirkenden Salbe abdecken. Bei Wunden, die chirurgisch versorgt werden müssen, sollte nichts aufgetragen werden.
- Wunde eventuell durch einen leichten Verband, der täglich gewechselt werden muss, vor Verschmutzung schützen.
- Bei tiefen Wunden oder bei Wunden, bei denen trotz Druckausübung die Blutung nicht zum Stehen kommt, könnten Arterien verletzt sein und es sollte immer ein Verband angelegt werden.
- Tritt dennoch Blut aus, einen weiteren Verband darüberlegen und einem Tierarzt vorstellen.
- Bei tieferen Schnittverletzungen kurz oberhalb der Pfoten sind nicht selten auch Sehnen verletzt. Legen Sie keine Staubinde (Tourniquet) über Sehnen an.
- Nach Anlegen eines Verbandes sollten Sie einen Tierarzt aufsuchen, da Sehnen chirurgisch versorgt werden müssen und niemals von allein heilen.
- Bei tiefen Wunden verringert eine tierärztliche Versorgung die Gefahr von Infektionen, einschließlich die einer Tetanusinfektion.
- Falls sich bei anscheinend kleinen Wunden die Umgebung entzündet oder Sie sich unsicher fühlen, stellen Sie Ihr Tier auch dann einem Tierarzt vor.

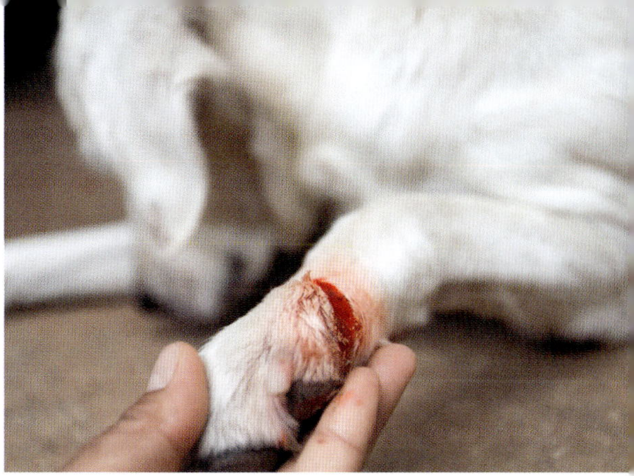

Tiefe Schnittverletzung im Bereich von Sehnen und Bändern.

Weitere Maßnahmen

Tiefer gehende, sehr lange oder klaffende Schnittwunden werden nach Reinigung geklammert oder unter einer kurzen Allgemeinanästhesie genäht.
Sind Sehnen, Bänder oder Gelenke verletzt, müssen sie in der Mehrzahl der Fälle chirurgisch versorgt werden.
Bei derartigen Verletzungen ist nach der Operation ein ruhigstellender, stabiler Verband notwendig.
Der Heilungsverlauf von Sehnen nimmt mehrere Wochen in Anspruch.
Sind gleichzeitig Blutgefäße und Nerven verletzt, kann es zu dauerhaften Funktionseinschränkungen kommen. Auch ein erneutes Reißen der Sehnennaht bei zu früher Belastung ist möglich.
Die Heilung von Sehnen und Bändern kann durch Methoden der regenerativen Therapie unterstützt werden.

Quellen

Sellmer W, Bültemann A, Tigges W. Wundfibel Asklepios Kliniken Hamburg. 2. Auflage 2010. Berlin: MWV, 2010.

Pavletic MM, Trout NJ. (2006): Bullet, bite, and burn wounds in dogs and cats. The Veterinary Clinics of North America. Small animal practice. 2006; 36(4): 873–893.

Shamir MH, Leisner S, Klement E, Gonen E, Johnston DE. Dog bite wound in dogs and cats: a retrospective study of 196 cases. J Vet Med A Physiol Pathol Clin Med. 2002, 49(2): 107–12.

Schock

Ursachen

Ein Schock entsteht durch einen plötzlichen Blutdruckabfall und einer damit verbundenen Minderdurchblutung lebenswichtiger Organe.
Ein Schock ist potenziell lebensbedrohlich. Dieser plötzliche Blutdruckabfall kann durch Hitze, Trauma, Blutverlust, Flüssigkeitsverlust, allergische Reaktionen, Sepsis, Verbrennungen, Vergiftungen und anderes verursacht werden.

Symptome

- blasse Schleimhäute
- hohe Herzfrequenz
- beschleunigte Atmung
- Erbrechen
- Schwäche
- Taumeln
- Bewusstlosigkeit

Weitere Symptome kommen durch voranschreitende Organschäden hinzu.

Erste Hilfe

- Legen Sie Ihr Tier hin und halten Sie es ruhig.
- Entfernen Sie das Halsband.
- Hüllen Sie Ihr Tier in eine Decke ein oder decken Sie es zu, um es warm zu halten.
- Flößen Sie keine Flüssigkeit oder Nahrung ein.
- Falls Ihr Tier erbricht und sonst keine Verletzungen dagegensprechen, unterstützen Sie Ihr Tier dabei so, dass der Kopf der tiefste Punkt des Körpers ist, der erbrochene Mageninhalt gut abfließen und nicht in die Atemwege gelangen kann.

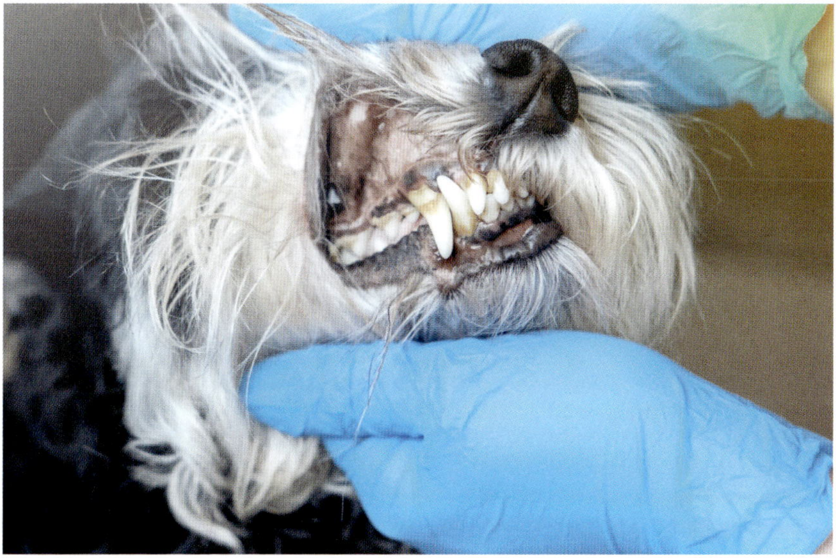

Blasse Schleimhäute sind ein typisches Symptom für einen Schockzustand.

Weitere Maßnahmen

Schock im medizinischen Sinn ist kein plötzliches Ereignis, sondern ein Krankheitsprozess, bei dem es durch verschiedene Ursachen zu einem Missverhältnis zwischen Sauerstoffbedarf und Sauerstoffangebot in den Geweben gekommen ist.
Die Behandlung eines Schocks ist komplex und aufwändig.
Meist liegt in der Kleintiermedizin ein durch einen Verlust an Wasser und Elektrolyten bei Erbrechen und Durchfall hervorgerufener Schock (Hypovolämischer Schock) vor.
Primäres Ziel der Therapie ist demzufolge das Flüssigkeits- und Elektrolytdefizit mit Hilfe von Infusionen auszugleichen, den Blutdruck anzuheben, die Gewebedurchblutung und Sauerstoffversorgung zu verbessern.
Zur Überwachung der Organfunktionen und Absicherung der Maßnahmen sind viele labordiagnostische Kontrolluntersuchungen notwendig.
Des Weiteren ist die Ursache des Volumenmangels zu suchen und zu bekämpfen.

Quellen

www.veterinarypartner.vin.com aufgerufen am 24.06.2021

Sigrist N (Hrsg.): Notfallmedizin für Hund und Katze. Sofortmaßnahmen und sichere Aufarbeitung. Stuttgart: Enke, 2017.

Dörfelt R. Häufige Notfälle bei Hund und Katze. Vorbereiten, erkennen und managen. Karlsruhe: Schluetersche, 2019.

Stichwunde

Ursachen

Eine Stichwunde entsteht durch einen spitzen Gegenstand, der unter Krafteinwirkung mehr oder weniger tief in den Körper eindringt. Es entsteht ein Stichkanal. Je nach Eindringtiefe kann es neben der Verletzung der Haut zu Verletzungen an Muskeln, Organen, Sehnen und Bändern und auch Knochen kommen.
Auch tiefe Stichwunden bluten meist wenig und können oft harmlos erscheinen. Da sie besonders infektionsgefährdet sind, sollten sie nicht unterschätzt werden.

Symptome

- Schmerzen
- bei Verletzung mit spitzen Gegenständen glatte, tiefe Wunden
- oft kaum blutend
- Gefahr innerer Blutungen
- bei Pfählungsverletzungen auch ausgefranste Wunden möglich
- teilweise verbleiben Teile des eingedrungenen Gegenstandes in der Tiefe
- hohe Infektionsgefahr

Erste Hilfe

- Waschen Sie sich die Hände. Spülen Sie die Wunde für ca. zehn Minuten mit Leitungswasser.
- Versuchen Sie, Schmutz und Fremdkörper zu entfernen, ohne in den Stichkanal zu greifen.
- Decken Sie die Wunde mit einem Verband ab.
- Bei einer deutlichen Blutung üben Sie leichten Druck aus, bis die Blutung steht.
- Entfernen Sie einen Druckverband nach 20 Minuten.
- Legen Sie einen leichten Schutzverband an.
- Bei übersichtlichen Verhältnissen können Sie eine antiseptisch wirkende Salbe in dünner Schicht auftragen und den Heilungsverlauf in den nächsten Tagen selbst kontrollieren.
- Waschen Sie die Wunde täglich möglichst unter fließendem Leitungswasser und decken Sie sie mit einem frischen Verband ab.
- Bei tiefen, unübersichtlichen Stichwunden und solchen, die sich in kritischen Regionen (Brustkorb, Hals, Bauchdecke, Gelenknähe) befinden oder, wo Sie die Blutung nicht stoppen können, tragen Sie nichts auf, sondern stellen Sie Ihr Tier einem Tierarzt vor.
- Sollte sich eine anfangs harmlos erschienene Wunde verschlechtern, indem die Entzündung, Schwellung oder Schmerzhaftigkeit zunimmt, sich Eiter bildet oder Ihr Tier Fieber bekommt, stellen Sie Ihr Tier ebenfalls einem Tierarzt vor.
- Bei Bissverletzungen klären Sie, ob bei dem Tier, das gebissen hat, eine Tollwutschutzimpfung nachweisbar ist. Das ist insbesondere im Ausland wichtig, da in einigen Ländern Tollwut noch weit verbreitet ist.

Weitere Maßnahmen

Bei tiefen Stichverletzungen an den Beinen werden die Durchblutung, die Motorik und die Sensibilität überprüft.
Bei einer kritischen Lage der Stichverletzung (Brustkorb, Bauchhöhle) können Röntgenaufnahmen und/oder Ultraschalluntersuchungen notwendig sein. Bei dem Verdacht der Verletzung der Bauchhöhle ist unter Umständen eine chirurgische Eröffnung und Kontrolle der Bauchhöhle (Probelaparotomie) angezeigt.
Unter Umständen ist eine Tetanusprophylaxe angezeigt.
Ansonsten erfolgen Wundversorgung und Nachsorge nach den üblichen chirurgischen Prinzipien.

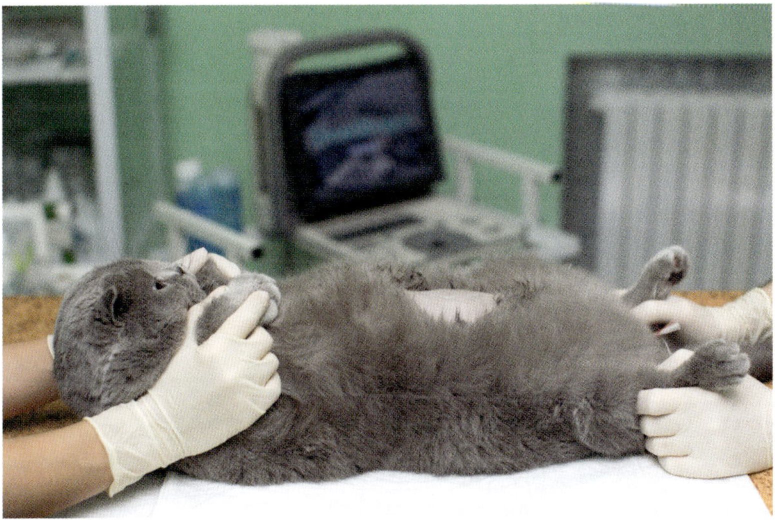

Bei Stichverletzungen im Bauchraum kann eine Kontrolle durch Ultraschalluntersuchung nötig sein.

Quellen

Puncture wounds. American College of Emergency Physicians. http://www.emergencycareforyou.org/emergency-101/puncture-wounds/. Aufgerufen am 10.07.2019.

Wülker N, Kluba T, Roetman B, Rudert M. Taschenlehrbuch Orthopädie und Unfallchirurgie. 3. überarbeitete und aktualisierte Auflage. Stuttgart: Thieme, 2015.

Stromschlag

Ursachen

Elektrischer Strom kann zu Verbrennungen führen. Verbrennungen können durch Stromquellen im Haushalt, durch Elektroschocker, durch Blitzschlag oder durch Hochspannungsleitungen verursacht werden.
Kleinere elektrische Verbrennungen können wie andere kleine Verbrennungen behandelt werden (→ **Verbrennung**).
Weitere Gefahren bei Stromkontakt hängen davon ab, wie hoch die Spannung ist und wie der Strom durch den Körper fließt.
Nicht immer sind Verbrennungen sichtbar. Insbesondere der im Haushalt übliche Strom mit niedriger Spannung ist eher für das Herz gefährlich, als dass große Verbrennungen auftreten. Er kann durch die Beeinträchtigung des Reizleitungssystems des Herzens zum Herzstillstand führen.

Symptome

- Verbrennungen
- Benommenheit
- Schwindel
- Bewusstlosigkeit
- Muskelzuckungen
- Krampfanfall
- Atemstillstand durch Verkrampfungen der Atemmuskulatur
- Herzrhythmusstörungen
- Herzstillstand

Erste Hilfe

- Vergewissern Sie sich, dass Ihr Tier keinen Kontakt mehr zur Stromquelle hat bzw. unterbrechen Sie diesen, bevor Sie Ihr Tier berühren.
- Benutzen Sie zum Entfernen der Stromquelle eventuell einen trockenen, nichtleitenden Gegenstand aus Holz.
- Ist die Quelle ein Hochspannungskabel, gehen Sie nicht in die Nähe Ihres Tieres, sondern rufen Sie die 110 an.
- Erst, wenn die Stromversorgung ausgeschaltet ist, können Sie zu Ihrem Tier gehen.
- Freileitungen sind normalerweise nicht isoliert. Bleiben Sie mindestens sechs Meter entfernt. Halten Sie einen deutlich größeren Abstand, wenn Drähte springen und funken.
- Halten Sie Ihr Tier warm.
- Legen Sie bei Verbrennungen einen nicht schnürenden oder drückenden Verband an oder decken Sie die Wunden mit einem sauberen Tuch ab.
- Verwenden Sie möglichst keine fasernden Materialien, die auf der Wunde haften.
- Falls keine Atmung oder Puls/Herzschlag vorhanden sind, beginnen Sie mit der Wiederbelebung (→ **Wiederbelebung, S. 16**).
- Stellen Sie Ihr Tier so schnell wie möglich einem Tierarzt vor.

Auch Katzen können auf die Idee kommen, Stromkabel anzuknabbern.

Weitere Maßnahmen

Bei einem Stromschlag kann es zu Herzrhythmusstörungen kommen. Meist sind sie geringgradig.
Neben einer klinischen Untersuchung ist dennoch eine EKG-Kontrolle sinnvoll.
Sofern keine Auffälligkeiten vorliegen, ist erfahrungsgemäß keine Langzeitüberwachung notwendig.

Quellen

Sigrist N. Notfallmedizin für Hund und Katze. Stuttgart: Enke, 2017.

Kohn B, Schwarz G (Hrsg.), Niemand HG (gegründet von). Praktikum der Hundeklinik. 12. aktualisierte Auflage. Stuttgart: Enke, 2017.

https://www.aerzteblatt.de/archiv/151299/Kardiales-Monitoring-nach-Stromunfall aufgerufen am 24.06.2021

Übelkeit → Reisekrankheit

Überhitzung (Hyperthermie)

Ursachen

Wenn Ihr Tier längere Zeit großer Hitze ausgesetzt ist (im Auto eingeschlossen) oder bei Hitze trainiert wird, kann es zu hitzebedingten Symptomen kommen. Die Schwere der Symptome hängt von der Dauer der Belastung des Organismus durch Überhitzung ab.

Symptome

- starkes Hecheln
- Schwäche
- Benommenheit
- Taumeln
- Liegen auf der Seite
- schwacher, hoher Puls
- Krämpfe
- Erbrechen

Erste Hilfe

- Bringen Sie Ihr Tier an einen schattigen, kühlen Ort.
- Entfernen Sie das Halsband.
- Benetzen Sie den Bauch des Tieres (wenig Haare) mit Wasser oder legen nasse Tücher auf das Tier.
- Sind Sie zu Hause und haben Sie genügend Wasser zur Verfügung, durchnässen Sie Ihr gesamtes Tier bis auf die Haut.
- Achtung: Bei zu starker Kühlung, z. B. durch Eis, ziehen sich die Hautgefäße zusammen und die Wärmeabgabe wird erschwert!
- Bieten Sie ihm nicht zu kaltes Wasser an, aber flößen Sie ihm nichts ein.

Wenn Ihr Tier bewusstlos ist oder die Atmung sich nicht beruhigt oder die Körpertemperatur bei ca. 40 °C liegt oder in diesen Bereich ansteigt, stellen Sie Ihr Tier sofort einem Tierarzt vor.
Es droht ein „Hitzschlag“, der zu Schäden am Gehirn und anderen Organen führt und lebensbedrohlich ist.
Kühlen Sie möglichst Ihr Tier weiter mit nassen Tüchern bis zum Eintreffen beim Tierarzt.

Im Auto droht die Gefahr einer Überhitzung sehr schnell und auch bei eher niedrigen Außentemperaturen.

Weitere Maßnahmen

In der Kleintierpraxis/-klinik kann Ihr Tier geschoren und eine weitere Abkühlung gefördert werden.
Folgeschäden wie ein Hirnödem, Entgleisung des Wasser-Elektrolyt- und Säure-Basen-Haushaltes oder eine eingetretene Unterzuckerung können durch labordiagnostische Untersuchungen erkannt und therapiert werden.

Quellen

Kahn CM, Line S (eds). The Merck/Merial Manual for Pet Health. Home Edition. Rahway: Merck, 2008. S 3.

Bruchim Y, Klement E, Saragusty J, Finkeilstein E, Kass P, Aroch I. Heat stroke in dogs: A retrospective study of 54 cases (1999–2004) and analysis of risk factors for death. J Vet Intern Med. 2006; Jan-Feb; 20(1): 38–46.

McIntosh J. Hitzschlag – eine saisonale Herausforderung. In: Kleintier konkret. 2017; 20 (2). 23–31.

Untertemperatur (Hypothermie)

Ursachen

Von Untertemperatur spricht man, wenn die Körpertemperatur unter 36 °C absinkt.
Ursächlich kann eine kalte Umgebungstemperatur sein, sodass der Körper nicht mehr in der Lage ist, durch eigene Wärmebildung seine normale Körpertemperatur aufrecht zu erhalten. Das kann insbesondere bei einem Aufenthalt in kaltem Wasser und bei narkotisierten Tieren auftreten.
Untertemperaturen werden auch bei einem ausgeprägten Flüssigkeitsmangel als Ausdruck einer Minderdurchblutung der Peripherie (Kreislaufzentralisation) gemessen. Sie haben nichts mit einer Unterkühlung zu tun, sondern sind Ausdruck eines Flüssigkeitsmangels (→ **Dehydratation**, → **Schock**)

Unterkühlungen drohen insbesondere beim Aufenthalt in kaltem Wasser.

Symptome

Symptome einer Unterkühlung entwickeln sich, abgesehen bei Aufenthalt in eisigem Wasser, in der Regel langsam. Diese können sein:

- Zittern
- reduzierte, flache Atmung
- Abfall der Herzfrequenz
- Benommenheit
- Bewusstlosigkeit

Erste Hilfe

- Bringen Sie Ihr Tier in einen warmen Raum.
- Ist das nicht möglich, schützen Sie es vor Wind und weiterer Auskühlung durch Einhüllen in eine Decke oder dergleichen.
- Trocknen Sie das Fell.
- Benutzen Sie zum Aufwärmen eine Wärmedecke.
- Bei der Verwendung einer Wärmflasche oder eines Heizkissens achten Sie darauf, dass es nicht zu heiß ist.
- Erwärmen Sie Ihr Tier nicht zu schnell, z. B. durch einen Heizstrahler oder durch ein heißes Bad.
- Massieren Sie Ihr Tier nicht.
- Bieten Sie warmes Wasser oder Brühe zum Trinken an. Flößen Sie aber keine Getränke ein.

Ist bei Ihrem Tier eine längere Operation in Allgemeinanästhesie notwendig, kann es zu einem Abfall der Körpertemperatur kommen.
Lassen Sie Ihr Tier nach einer Operation zur Überwachung beim Tierarzt, bis es bei vollem Bewusstsein ist. Dann hat sich auch die Körpertemperatur normalisiert.
Bei Untertemperatur infolge eines Flüssigkeitsmangels (Dehydratation) liegt eine behandlungsbedürftige Grundkrankheit wie Erbrechen oder Durchfall vor.
Stellen Sie Ihr Tier einem Tierarzt vor.

Weitere Maßnahmen

Ein venöser Zugang und die Sicherung der Atmung sind die ersten Maßnahmen.
Die Wiedererwärmung muss allmählich erfolgen, da ansonsten die Gefahr von Kammerflimmern droht. Eine ausreichende Flüssigkeitstherapie mit vorgewärmten Infusionslösungen wirkt dem entgegen.
Abhängig von dem Grad der Unterkühlung und der sonstigen Ausgangssituation unterscheidet sich das weitere Vorgehen.
Bei sehr starker Untertemperatur (< 27 °C) kann es zum Kammerflimmern oder zum Herzstillstand kommen, sodass eine Herzdruckmassage notwendig wird.
Die Defibrillation sollte erst durchgeführt werden, wenn mindestens eine Körpertemperatur von 30 °C erreicht ist.

Quellen

McCullough L, Arora S. Diagnosis and treatment of hypothermia. In: Am Fam Physician. 2004; Dec 15; 70(12): 2325–2332. Review.

Tischer A. Der Effekt von Wärme- und Feuchtigkeitsaustauschern auf die intraoperative Temperaturentwicklung bei Hund und Katze. Inaugural-Dissertation, FU Berlin. Berlin: 2010.

Verätzung der Haut

Ursachen

Äußerlich sichtbare Verätzungen können durch viele verschiedene Stoffe wie Laugen und Säuren, Abflussreiniger, Verdünner, Benzin u. a. verursacht werden. Nicht immer ist die Ursache bekannt. Sollte Ihr Tier die Stoffe (Ablecken) aufgenommen haben, wenden Sie sich sofort an Ihren Tierarzt. Nach Möglichkeit nehmen Sie den Behälter mit oder notieren sich zumindest den Inhalt des Etikettes.

Symptome

- Rötung der Haut
- blutige Hautstellen oder aufgelöste Hautoberfläche
- Blasenbildung
- starke Schmerzen

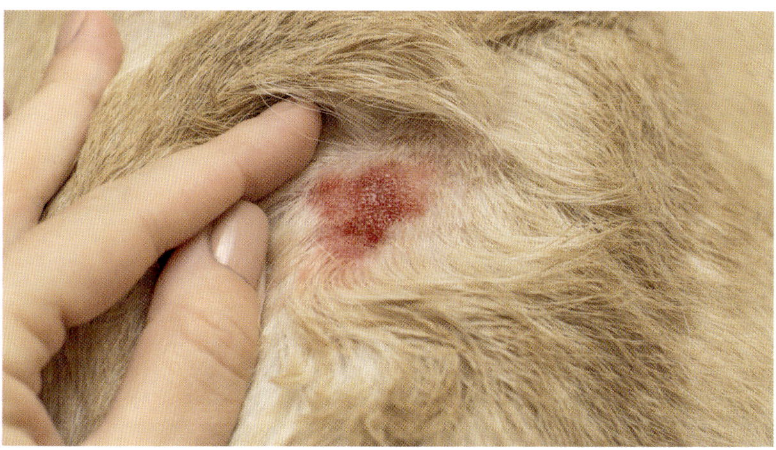

Chemische Verätzungen werden vor allem durch Haushaltsmittel verursacht.

Erste Hilfe

- Die wichtigste Maßnahme ist das Entfernen der ätzenden Substanz.
- Bei chemischen Verätzungen **schützen Sie sich selbst** und spülen Sie sofort die betroffene Fläche bei Ihrem Tier mindestens zehn Minuten lang unter kühlem, möglichst fließendem Wasser.
- Trockene Substanzen bürsten Sie vorher aus. Schützen Sie sich selbst! Tragen Sie Handschuhe oder benutzen Sie ein Handtuch. Entfernen Sie das Halsband oder andere Utensilien vom Tier.
- Decken Sie den verätzten Bereich durch ein sauberes Tuch oder einen leichten Verband ab.
- Bringen Sie keinen Druck auf die Wunde, schnüren Sie sie nicht ein.
- Verwenden Sie keine Materialien, die Fasern in die Wunde abgeben.

Quellen

Noli C, Scarampella F. Praktische Dermatologie bei Hund und Katze. Karlsruhe: Schlütersche, 2013.

Ziegenfuß T. Notfallmedizin. Heidelberg: Springer, 2011.

Verbrennung

Ursachen

Eine Verbrennung ist eine Gewebeschädigung, die durch Hitzeeinwirkung unterschiedlichen Ursprunges (heißes Wasser oder heißes Öl, Kontakt mit Feuer oder sehr heißen Gegenständen, Stromschlag oder Einatmen von heißem Rauch oder heißen Dämpfen) entsteht.

Symptome

Die Symptome bei Verbrennungen sind abhängig vom Verbrennungsgrad.

- Schmerzen
- Rötung
- Schwellung
- Ödembildung
- Blasenbildung
- Veränderung der Hautfarbe bei schweren Verbrennungen (weiß, grau, lederartig, schwarz)
- Absterben von Gewebe (Nekrose)

Erste Hilfe

- Leichte Verbrennungen bedürfen oft keiner tierärztlichen Behandlung.
- Entfernen Sie aber das Halsband oder andere eventuell scheuernde Teile vom Tier.
- Meist liegt lediglich eine Rötung der Haut vor. Kühlung unter Leitungswasser, sofern das möglich ist, oder mittels nasser Kompressen (kein Eis) schaffen Erleichterung.
- Öffnen Sie keine Blasen. Solange sie geschlossen sind, kommt es nicht zu einer Infektion.
- Öffnet sich eine Blase von allein, reinigen Sie sie vorsichtig mit Wasser und decken Sie sie ab. Verwenden Sie keinen Stoff, der Fasern in die Wunde abgibt.
- Wenn die Rötungen der Haut abgekühlt sind, können Sie auf die Rötungen eventuell eine lindernde, entzündungshemmende, möglichst wasserlösliche Lotion auftragen.
- Vermeiden Sie ein Verkleben von Haaren.
- Wenn Sie nicht scheren wollen, dann lassen Sie die gerötete Haut unbehandelt und trocken.

- Auch leichte Verbrennungen können recht schmerzhaft sein, sodass eventuell eine Schmerzmedikation durch einen Tierarzt veranlasst werden sollte.

- Haut und Haare sind deutlich und eventuell großflächig geschädigt.

- Die Haut kann weiß, braun, vertrocknet, verkohlt oder vollständig verloren gegangen sein.

- Frische, kleine Wunden können mit Wasser von Raumtemperatur gekühlt werden.

- Tauchen Sie den Patienten nicht großflächig zur etwaigen Kühlung in Wasser ein. Das kann zur Unterkühlung führen. Es drohen Atemprobleme, Schock, Infektionen und weiteres.

- Verhindern Sie eine Unterkühlung bei großflächigen Wunden.

- Hüllen Sie den Patienten vorsichtig in ein sauberes Handtuch oder sauberes Laken ein.

- Bei schweren Verbrennungen ist eine tierärztliche Behandlung unbedingt notwendig.

- Fahren Sie zum Tierarzt.

Weitere Maßnahmen

Haben Verbrennungen die Haut großflächig zerstört, fehlt in diesen Bereichen deren Barrierefunktion.
Es kommt zu mehr oder weniger großen Verlusten von Flüssigkeit und Eiweiß. Der mögliche Wärmeverlust ist nicht zu unterschätzen. Es drohen Volumenmangelschock, Sepsis und Hypothermie.
Neben einer intensiven lokalen Therapie zur Sepsisprophylaxe sind die Körpertemperatur, der Flüssigkeitshaushalt und der Eiweißhaushalt im Gleichgewicht zu halten.
Eine Schmerztherapie muss durchgängig erfolgen.
Teilweise ist ein chirurgisches Abtragen abgestorbener Haut (Nekroseabtragung) notwendig. Große dadurch entstandene Defekte müssen durch spezielle Operationstechniken abgedeckt werden.

Offenes Feuer kann für Hunde und Katzen sehr gefährlich sein.

Quellen

Powell L et al. Small Animal Emergency and critical care. Hoboken: Wiley Blackwell, 2011.

Allgöwer M, Siegrist J. Verbrennungen: Pathophysiologie – Pathologie – Klinik – Therapie. Berlin: Springer, 2013.

Vergiftung

Ursachen

Zu Vergiftungen kann es infolge von Fressen, Einatmen oder Kontakt über die Haut von mehr oder weniger schädlichen Stoffen wie Medikamenten, Chemikalien, Pflanzen oder Gasen kommen.
Auch viele Lebensmittel können für Hunde und Katzen giftig sein.
Auch Giftköder stellen eine Vergiftungsgefahr für Hunde und Katzen dar.
In seltenen Fällen können auch giftige Tiere eine Quelle von Vergiftungen sein.
Bei nahezu allen Giften spielen die Dosis und die Art des Kontaktes eine entscheidende Rolle.

Symptome

Hinweise auf eine Vergiftung können sein:

- Rötung oder andere Auffälligkeiten an der Maulschleimhaut
- veränderter Geruch des Tieres oder dessen Atemluft
- Speichelfluss
- Unruhe
- Erbrechen
- Durchfall
- Atemnot
- Hyperaktivität
- Muskelzittern
- Krämpfe
- Müdigkeit
- Schock
- Koma

>

Erste Hilfe

Die Gift-Notrufzentralen sind in erster Linie für Menschen und nicht für Tiere gedacht. Eine spezielle Notrufzentrale für Tiere gibt es in Deutschland leider nicht.

- Bringen Sie Ihr Tier aus der Gefahrenzone.
- Entfernen Sie sichtbare Giftstoffe, jedoch ohne sich selbst zu gefährden.
- Spülen oder wischen Sie die Maulhöhle aus. Zum Spülen muss Ihr Tier ansprechbar sein, sodass Sie sicher sein können, dass die Schutzreflexe (Schluckreflex) funktionieren.
- Heben Sie das Etikett auf, falls Ihr Tier den Inhalt einer Verpackung gefressen hat.
- Bei Hautkontakt eines Giftes waschen oder besser duschen Sie Ihr Tier sehr ausgiebig, mindestens 15 Minuten. Falls Sie Ihr Tier in einer Wanne reinigen, nehmen Sie immer wieder frisches Wasser.
- Tragen Sie selbst Handschuhe.
- Spülen Sie die Augen des Tieres bei einem Giftkontakt mindestens 15 Minuten mit lauwarmem Wasser.
- Bei Erbrechen achten Sie darauf, dass die Maulspitze der tiefste Punkt des Tieres ist. Tiere, die bei Bewusstsein sind, nehmen diese Position von allein ein. Bei nicht voll bewegungsfähigen Tieren müssen Sie Ihr Tier unterstützen. Heben Sie dazu Ihr Tier an Bauch und Becken an, sodass der erbrochene Mageninhalt abfließen kann und nicht in die Atemwege gelangt.

- Reinigen Sie die Maulhöhle mit einem Papiertuch oder ähnlichem. Achten Sie darauf, dass der Rachen frei ist.
- Schieben Sie keine Futterbrocken nach hinten.
- Flößen Sie nichts ein.
- Versuchen Sie nicht, selbst Erbrechen bei Ihrem Tier auszulösen.

Stellen Sie Ihr Tier so schnell wie möglich einem Tierarzt vor. Gestatten Sie, dass auch Röntgenaufnahmen von der Speiseröhre angefertigt werden.
Sofern möglich und ohne sich selbst zu gefährden:

- Nehmen Sie das vermutete Gift und/oder die Verpackung, das Etikett sowie den Beipackzettel mit zum Tierarzt.
- Notieren Sie sich, wann Ihr Tier das Gift aufgenommen hat, welche (geschätzte) Menge und auf welche Weise (gefressen, eingeatmet, über die Haut).
- Befinden sich giftige Pflanzen im Haushalt oder im Garten oder gab es einen eindeutigen Kontakt anlässlich eines Spazierganges?
- Wurden im Haushalt oder in dem für das Tier sonst zugänglichen Bereich Insektengifte, Pflanzengifte oder Rattenköder verwendet?
- Bekommt Ihr Tier derzeit Medikamente, wenn ja, welche?

Weitere Maßnahmen

Nach einer Einschätzung der Gefährdung durch den Tierarzt gelten bei Intoxikationen einheitliche Grundsätze.
Die lebenswichtigen Funktionen (Vitalfunktionen) werden gesichert. Dazu ist eine entsprechende Basisdiagnostik notwendig.
Das meist vom Besitzer des Tieres begonnene Entfernen des Giftes durch eine Reinigung des Felles und der Haut (Dekontamination) wird gegebenenfalls umfassend fortgesetzt.
Zur Dekontamination zählen auch das Auslösen von Erbrechen, die Gabe medizinischer Kohle oder eine Magenspülung bei bereits im Magen-Darm-Trakt befindlichen Giften, sofern der zeitliche Verlauf nicht dagegenspricht.
Wenn verfügbar, wird ein Antidot eingesetzt.
Gegen die Toxine der in Europa vorkommenden Schlangen (Kreuzotter, Aspisviper und Sandotter) existiert das Misch-Antiserum „Antivenin". Der Einsatz von Antivenin wird nur in kritischen Fällen empfohlen, da die Gefahr einer anaphylaktischen Reaktion besteht. Ansonsten erfolgt eine symptomatische Therapie, die von der Wirkung des jeweiligen Giftes abhängt.

Quellen

Hassdenteufel E, Lehmann H, Schneider M, Moritz A. Notfalltherapie bei Vergiftungen von Hund und Katze. Tierärztliche Praxis, Ausgabe K. 2016; 44(06), 438–449.

Malik R, Ward MP, Seavers A, Fawcett A, Bell E, Govendir M, Page S. Permethrin spot-on intoxication of cats. Literature review and survey of veterinary practitioners in Australia. J Feline Med Surg. 2010; 12(1). 5–14.

https://www.tierschutzbund.de/information/hintergrund/heimtiere/vergiftungen-bei-heimtieren/ aufgerufen am 24.06.2021

Verstauchung (Distorsion)

Ursachen

Im Bereich der Gelenke befinden sich straffe Bänder, die die Knochenenden überspannen und die Gelenkkapsel bilden. Meist sind zusätzlich Bänder zwischen den Knochen gespannt, die bei der Bewegung von Bändern diese in einer gewissen Position halten. Bei einer Verstauchung werden die Gelenkkapsel oder die Bänder durch eine übermäßige Bewegung gedehnt, und es kommt zu Zerreißungen einzelner Fasern bis hin zu einem kompletten Riss.

Symptome

Diese sind abhängig von der Schwere, dem Grad der Verstauchung.

- Bänder gedehnt
- Schwellungen
- Bluterguss
- Schmerzen
- Bein wird kaum oder nicht belastet

Bei leichten Verletzungen, meist verbunden mit geringen, bis mäßigen Schmerzen, ist meist keine tierärztliche Hilfe notwendig.

Erste Hilfe

- Kühlen Sie die Region möglichst schnell nach dem Ereignis. Eine Kühlung wirkt einer Blutung innerhalb des Gelenkes und der Schwellung in dieser Region entgegen. Sie ist in den ersten 24 Stunden nach der Verletzung hilfreich.

- Sie können einen kühlenden Verband anlegen, indem Sie ihn nass machen. Die Verdunstungskälte wirkt kühlend. Achten Sie darauf, dass Sie nur einen lockeren Verband zur Kühlung anlegen.

- Wirklich stabilisierende Verbände sollten Sie einem Tierarzt überlassen. Von Unerfahrenen können sie, unabhängig von der Verletzung, zu schweren Schäden durch Einschränkung des Blutflusses führen. Scheuerstellen können entstehen, wenn ungepolstert Haut auf Haut liegt.

- Halten Sie Ihr Tier für die nächsten zwei bis drei Tage ruhig.

- Animieren Sie es nicht zum Spielen und gehen Sie nur kurz nach draußen.

- Bei ernsthafteren Verletzungen mit starken Schmerzen, Schwellungen oder einer Instabilität des Gelenkes sollten Sie tierärztliche Hilfe in Anspruch nehmen.

Bei einer Verstauchung werden die Gelenkkapsel oder die Bänder durch eine übermäßige Bewegung gedehnt und verletzt.

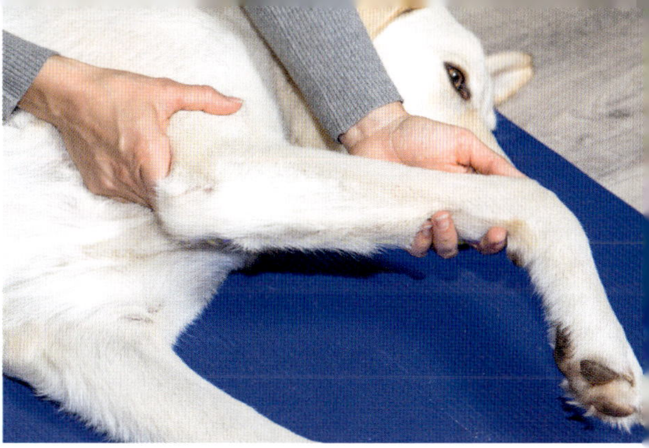

Weitere Maßnahmen

Der Tierarzt wird prüfen, welche Verletzungen genau eingetreten sind und ob chirurgische Maßnahmen oder lediglich eine Ruhigstellung sinnvoll sind. Eine chirurgische Versorgung ist meist nur nötig, wenn das Gelenk instabil geworden ist. Dieses wird unter Anwendung besonderer Techniken am wachen Tier und auch unter einer kurzen Allgemeinanästhesie geprüft.

Zur Ruhigstellung ist auch ohne Operation häufig ein Schienenverband sinnvoll.

Auf jeden Fall wird er schmerzlindernde Mittel für die nächste Zeit einsetzen.

Bedenken Sie, dass Gelenkkapsel- und Bänderverletzungen sehr lange für die Heilung benötigen. Bis zur vollständigen Wiederherstellung können Monate vergehen. Teilweise sind physiotherapeutische Maßnahmen sinnvoll.

Nicht alle Verletzungen der Gelenkkapsel und der Bänder heilen vollständig aus. Es ist möglich, dass sich eine chronische Gelenkentzündung (Arthrose) entwickelt.

Quellen

Wülker N (Hrsg), Kluba T, Roetman B, Rudert M. Orthopädie und Unfallchirurgie. 3. Auflage. Stuttgart: Thieme, 2015.

Ruchholtz S., Wirtz C. Orthopädie und Unfallchirurgie essentials: Intensivkurs zur Weiterbildung, 2. Auflage. Stuttgart: Thieme, 2012.

>

Wirbelsäulenverletzung

Ursachen

Wirbelsäulenverletzungen sind in der Regel Folge eines schweren Traumas oder eines Sturzes.
Aber auch kurze, heftige Einwirkungen wie ein Ruck an der Leine oder Bewegungen beim Spielen und Springen können zu Verletzungen im Bereich der Wirbelsäule führen.
In diesen Fällen sind weniger die Knochen als die kleinen Gelenke im Bereich der Wirbelsäule und die Zwischenwirbelscheiben betroffen.

Symptome

- Ihr Tier zeigt starke Schmerzen.
- Es nimmt eventuell eine ungewöhnliche Körperhaltung ein.
- Es kann nicht oder nur eingeschränkt laufen.
- Es ist (teilweise) gelähmt.
- Bei Schäden an den Zwischenwirbelscheiben der Halswirbelsäule möchte das Tier den Kopf nicht anheben oder nicht in eine bestimmte seitliche Richtung biegen.
- Die Lähmungen können auch die Blase und den Enddarm betreffen.

Erste Hilfe

- Halten Sie Ihr Tier ruhig.
- Prüfen Sie nicht selbst die Beweglichkeit im Bereich der Wirbelsäule und versuchen Sie nicht irgendwelche „Blockierungen" zu lösen.
- Stellen Sie Ihr Tier zeitnah einem Tierarzt vor.
- Bei starken Schmerzen und Anzeichen von Lähmungen suchen Sie sofort einen Tierarzt auf.

Extreme Sprünge können vor allem bei untrainierten Hunden zu Verletzungen der Wirbelsäule führen.

Weitere Maßnahmen

Bei Wirbelsäulenverletzungen sind neben den Knochen meist auch Bänder, Bandscheiben und Nerven sowie das Rückenmark betroffen.
Sind Nerven und das Rückenmark betroffen, ist die Prognose deutlich ungünstiger.
Bei Verletzungen der Wirbelsäule werden grundsätzlich Röntgenaufnahmen in zwei Ebenen angefertigt. Ein weiteres bildgebendes Verfahren ist die Computertomografie. Sie stellt das wichtigste Untersuchungsverfahren zur Beurteilung der Verletzung und der daraus abzuleitenden therapeutischen Maßnahmen dar.
Leichte Verletzungen können oft durch Ruhighalten der Tiere behandelt werden.
Bei schwerwiegenden Verletzungen der Wirbelsäule (Instabilität, Vorfall einer Bandscheibe mit Druck auf das Rückenmark oder vom Rückenmark abgehende Nerven) ist eine angemessene chirurgische Therapie notwendig.

Quellen

Wilberger JE, Mao G. Spinal trauma. In Merck Manual Professional Edition. https://www.merckmanuals.com/professional/injuries_poisoning/spinal_trauma/spinal_trauma aufgerufen am 24.06.2021.

Thomas WB. Overview of Diseases of the Spinal Column and Cord. In MSD Manual Veterinary Manual, 2013.

https://www.msdvetmanual.com/nervous-system/diseases-of-the-spinal-column-and-cord/overview-of-diseases-of-the-spinal-column-and-cord aufgerufen am 24.06.2021.

Zahnschmerzen

Ursachen

Zahnschmerzen durch Karies spielt beim Tier eher eine untergeordnete Rolle.
Häufigere Ursachen von Zahnschmerzen beim Tier können in das Zahnfleisch eingedrungene Fremdkörper und Futterreste sein.
Ebenso spielen Entzündungen und Infektionen an den Zahnwurzeln eine Rolle.
Durch Kämpfe zwischen Hunden oder Beißen auf sehr harte Gegenstände kann es zum Abbrechen von Zähnen, Teilen davon oder zu Zahnfrakturen kommen.
Ein eröffneter Wurzelkanal des Zahnes ist sehr schmerzhaft und sollte sofort tierärztlich versorgt werden, um den Zahn zu erhalten.
Katzen leiden häufig unter einer speziellen Zahnerkrankung (FORL), bei der es zu überschießenden Abbauprozessen der Zahnsubstanz besonders im Bereich der Zahnhälse kommt. Dieses ist mit starken Schmerzen verbunden.
Auch Tumore der Kieferknochen können zu Schmerzen im Bereich der Zähne führen.

Symptome

- Ihr Tier versucht mit den Pfoten etwas aus der Maulhöhle zu entfernen.

- Es hat Appetit, möchte aber dann doch nicht fressen.

- Sie sehen eine Schwellung im Bereich der Kieferknochen, zum Beispiel dicht unterhalb des Auges.

- Ihr Tier speichelt deutlich mehr als sonst.

Erste Hilfe

- Untersuchen Sie die Maulhöhle Ihres Tieres.
- Wenn Sie einen Fremdkörper im Bereich der Zähne oder des Zahnfleisches entdecken, entfernen Sie Ihn, sofern er sich nicht verkeilt hat.
- Wenden Sie keine Gewalt durch Hebel an.
- Bei allen anderen Symptomen ist eine tierärztliche Diagnostik und Therapie notwendig.
- Setzen Sie bis zum geplanten Termin Schmerzmittel nur nach Absprache mit Ihrem Tierarzt ein.

Weitere Maßnahmen

Liegt kein offenkundiges Problem vor, empfiehlt sich eine Zahnreinigung in einer Allgemeinanästhesie und eine sorgfältige Inspektion jedes Zahnes und seiner Umgebung.
Ergänzt wird diese Untersuchung durch Röntgenaufnahmen der verdächtigen Zahnregionen mit einer Röntgentechnik (digitales dentales Röntgen), die auch die Wurzelregionen deutlich darstellt.
In Ausnahmefällen, etwa bei dem Verdacht eines im Kieferbereich liegenden Tumors, ist auch eine Computertomografie notwendig.
Viele Tierärzte sind mit den Methoden der Zahnerhaltung vertraut, sodass Zähne, die früher entfernt wurden, heute erhalten werden können. Insbesondere junge Tiere profitieren davon.
Auch für Katzen sind eine sorgfältige Zahnpflege und Zahnbehandlung nützlich.

Bei einer speziellen degenerativen Zahnerkrankung der Katzen (FORL) ist jedoch meist das Entfernen der betroffenen Zähne sinnvoll, um die Katze von ihren Schmerzen zu befreien. Oft wird das Ausmaß der Schädigung erst im Röntgenbild deutlich.
Bei weit fortgeschrittenen Veränderungen im Wurzelbereich (FORL Typ 2) ist oft nur noch ein Entfernen der Zahnkrone und eventuell kleiner Anteile der Wurzel angemessen, da bereits eingetretene Umbauprozesse an Zahnwurzel und Kieferknochen zu einer Verschmelzung geführt haben. Eine Differenzierung ist nur durch eine Röntgendarstellung möglich und erspart der Katze ein kieferchirurgisches Vorgehen.

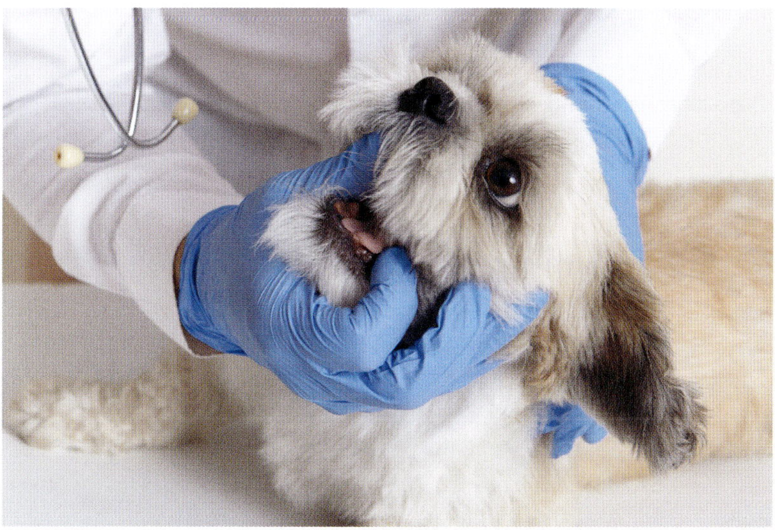

So öffnet man den Fang zur Untersuchung der Maulhöhle.

Quellen

Buck MF. Management der Parodontitis beim Hund – ein Update für die Praxis. Veterinärspiegel. 2015; 25(03), 124–129.

Davies M. Geriatric screening in first opinion practice – results from 45 dogs. JSmall Anim Pract. 2012; 53(9): 507–513.

Wagemann U, FORL bei Katzen. https://tierarztpraxis-reuter.de/forl-bei-katzen-stand-2020/ aufgerufen am 24.06.2021.

Zeckenbiss

Ursachen

In Deutschland sind verschiedene Zeckenarten heimisch und teilweise weit verbreitet.
Meist verursachen Zeckenbisse wenig lokale Veränderungen und keine Schmerzen.
Kritisch sind jedoch die durch sie übertragenen Erkrankungen. Meist müssen die Zecken sich dazu länger als 24 Stunden auf dem Tier festgebissen und Blut gesaugt haben, ehe es zur Übertragung von Bakterien kommt.
Durch Zecken übertragene Krankheiten sind insbesondere die Borreliose, seltener die Frühsommermeningitis (Virusinfektion), die Anaplasmose (Bakterien) und die Babesiose (Einzeller).
Für Hunde und Katzen sind insbesondere Borrelien, die Borreliose-Erreger, von Bedeutung.

Symptome

Erste Symptome nach einem Zeckenbiss sind Juckreiz und lokale Rötung.
Hat eine Borrelieninfektion stattgefunden, treten nach ein bis vier Wochen unspezifische Beschwerden auf:

- Abgeschlagenheit
- Appetitlosigkeit
- Geschwollene Gelenke
- Lahmheiten, zum Teil wechselnd
- leichtes Fieber
- Lymphknotenschwellung
- Nierenentzündung möglich

Erste Hilfe

- Ein tägliches Absuchen des Felles, auch bei Katzen, wenn die Tiere Freigang haben, schränkt die Gefahr des Auftretens einer Borreliose deutlich ein.
- Ziehen Sie die Zecke einfach mit der Hand oder einer Pinzette mit einem kleinen Ruck heraus. Erfassen Sie möglichst dicht an der Haut Ihres Tieres die Zecke.
- Drehen oder quetschen Sie die Zecke nicht.
- Auch das Auftragen von Öl, damit die Zecke von allein abfällt, ist nicht zu empfehlen.
- Alle unnötigen Manipulationen können dazu führen, dass vermehrt Speichel der Zecke in Ihr Tier gelangt und damit die Gefahr einer Infektion steigt.
- Gelingt es Ihnen nicht, die Zecke zu entfernen, stellen Sie Ihr Tier einem Tierarzt vor.

Wenn Sie die Zecke entfernen konnten und sich dennoch in den nächsten Tagen an der Bissstelle eine Entzündung zeigt, stellen Sie Ihr Tier einem Tierarzt vor.
Wenn Sie sich mit Ihrem Tier viel im Wald aufhalten oder Ihr Tier zur Jagd einsetzen, ist eventuell eine Schutzimpfung gegen die von Zecken übertragenen Erkrankungen sinnvoll.
Wenn Sie wegen unklarer Krankheitszeichen bei Ihrem Tier einen Tierarzt aufsuchen und an Ihrem Tier in letzter Zeit häufiger Zecken bemerkt haben, teilen Sie das Ihrem Tierarzt mit.

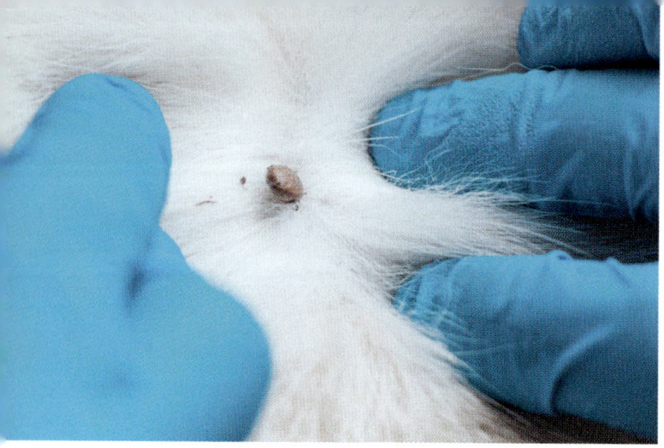

Die Borreliose ist die häufigste durch Zeckenbisse verursachte Erkrankung.

Weitere Maßnahmen

Borreliose wird durch ein Bakterium verursacht, das durch Zecken übertragen werden kann.
Die Symptome sind häufig unspezifisch wie Fieber, Appetitlosigkeit, Bewegungsunlust und wechselnde Lahmheiten.
Vorrangig betroffen sind die Gelenke und das Nervensystem.
In seltenen Fällen kann es zu einer Schädigung der Nieren und zu einer Entzündung des Herzmuskels kommen.
Tests im Blut oder Gehirnwasser (Liquor) bei Neuroborreliose ermöglichen einen sicheren Nachweis des Erregers.
Der Nachweis von Antikörpern könnte auch auf eine zurückliegende Erkrankung hinweisen, sodass bei diesen Tests auch das klinische Bild berücksichtigt werden muss.
Eine spezifische antibiotische Therapie führt zur Abtötung des Erregers. Sie muss über vier Wochen konsequent durchgeführt werden.
Unbehandelt kann sich eine chronische Erkrankung entwickeln.

Quellen

Borreliose (Lyme-Borreliose, Lyme-Krankheit, Lyme disease). In: Kohn B, Schwarz G (Hrsg.). Praktikum der Hundeklinik. 12., aktualisierte Auflage. Stuttgart: Enke, 2017.

Krupka I, Straubinger RK. Lyme borreliosis in dogs and cats: background, diagnosis, treatment and prevention of infections with Borrelia burgdorferi sensu stricto. Veterinary Clinics: Small Animal Practice. 2010; 40(6): 1103-19.

Littmann MP, Gerber B, Goldstern RE, Labato MA et al. ACVIM consensus update on Lyme borreliosis in dogs and cats. J Vet Intern Med. 2018; 32(3): 887–903.

Teil 3

Anhang

3

Quellen

Basis – Literaturquellen

- veterinarypartner.vin.com
- The Merck/Merial Manual for Pet Health, Home Edition, 2007
- Aiello S, Moses MA. The Merck Veterinary Manual. rahway: Merck, 2007.
- Porter RS. The Merck Manual of Diagnosis and Therapy. Rahway: Merck, 2018.
- https://www.msdvetmanual.com/
- http://www.msd-tiergesundheit.de/
- https://www.merckvetmanual.com/
- https://www.ncbi.nlm.nih.gov/pubmed
- https://www.mayoclinic.org/

Bildnachweis

Alle Fotos Gisa und Olof Löwe, außer:

S. 20, iStock.com/huettenhoelscher; S. 28, 98, DoraZett-stock.adobe.com; S. 30, Firn-stock-adobe.com; S. 33, NewLine_Seller-stock-adobe.com; S. 34, iStock.com/Kateryna Kukota; S. 36, iStock.com/michalab; S. 39, iStock.com/p2121212121; S. 43, Fluke Cha/Shutterstock.com; S. 49, Ne_Tatiana-stock-adobe.com; S. 55, Ermolaev Alexandr-stock-adobe.com; S. 57, iStock.com/Herzstaub; S. 61, Karoline Thalhofer-stock-adobe.com; S. 63, iStock.com/FotoES; S. 65, igorr1/Depositphotos.com; S. 69, iStock.com/torwai; S. 72, iStock.com/marieclaudelemay; S. 75, iStock.com/Alena Vikhareva; S. 76, AR-stock-adobe.com; S. 81, iStock.com/K_Thalhofer; S. 82, iStock.com/Kateryna Kukota; S. 84, AnnaPhri-stock-adobe.com; S. 87, GaiBru Photo-stock-adobe.com; S. 89, Suzanna-stock-adobe.com; S. 101, Eric Isselée-stock-adobe.com; S. 103, iStock.com/kozorog; S. 105, iStock.com/sunstep21; S. 107, AlexandruPh-stock-adobe.com; S. 113, iStock.com/diatrezor; S. 115, iStock.com/VannaMoro; S. 117, Vista Photo-stock-adobe.com; S. 118, velimir-stock-adobe.com; S. 123, iStock.com/intarapong; S. 125, ULADZISLAU-stock-adobe.com; S. 128, Eva-stock-adobe.com; S. 130, iStock.com/Chalabala; S. 135, bennytrapp-stock-adobe.com; S. 137, Prof. W. Löwe; S. 141, iStock.com/ovelyday12; S. 143, iStock.com/Denis Valakhanovich; S. 147, Artem-stock-adobe.com; S. 150, iStock.com/nensuria; S. 153, iStock.com/EvgeniiAnd; S. 154, iStock.com/Orchidpoet; S. 157, Юлия Усикова-stock-adobe.com (Julia Usikova); S. 162, Wirestock-stock-adobe.com; S. 169, Martin Schlecht-stock-adobe.com; S. 171, Vera Reva-stock-adobe.com; S. 175, iStock.com/SementsovaLesia S. 178, iStock.com/Niko_Cingaryuk

Cover: o. li., OliverSeitz-flickr.com; o. mi., iStock.com/FotoES; o. re., iStock.com/Alena Vikhareva; u. li., iStock.com/Kateryna Kukota; u. mi., iStock.com/torwai; u. re., Kevin Turcios

Über die Autoren

Dr. med. vet. Gisa Löwe, Fachtierärztin für Kleintiere, ist Gründerin der Tierärztlichen Klinik für Kleintiere in Berlin, die sie bis 2019 führte. Nach der Übergabe der Klinikleitung an Herrn Tierarzt Olof Löwe, der bereits seit 2002 dort als Chirurg und seit 2007 als Cheftierarzt für Chirurgie und Orthopädie tätig ist, konzentriert sie sich vorrangig auf die Weiterbildung des Mitarbeiterteams, das derzeit aus insgesamt 30 Tierärzten, tiermedizinischen Fachangestellten und Praktikanten aus dem In- und Ausland besteht.

Anschrift der Autoren

Tierärztliche Klinik für Kleintiere
G. Löwe und O. Löwe
Märkische Allee 258 | 12679 Berlin
loewe@tierklinik-in-berlin.de

Index

V

W

Z

Weitere Bücher, die Sie interessieren könnten:

Gisa & Olof Löwe

Vergiftungen bei Hund und Katze

Ein tierärztlicher Ratgeber

Medikamente, Lebensmittel, Haushaltsmittel, Insektizide, Düngemittel, giftige Pflanzen und Tiere oder Giftköder: Die Quellen für mögliche Vergiftungen bei Hund und Katze sind vielfältig.

Hier finden Sie bei bestehendem Verdacht schnelle Hilfe: Ist eine Vergiftung überhaupt wahrscheinlich? Wenn ja, was sollten die nächsten Maßnahmen sein? Die beiden erfahrenen Klinik-Tierärzte Gisa und Olof Löwe unterstützen Sie darin, das Gift zu identifizieren, dem Tierarzt schon am Telefon die richtigen Informationen zu geben, das Risiko einzuschätzen und den zu erwartenden Verlauf zu beurteilen, aber auch, mögliche Vergiftungsquellen von vornherein zu kennen und möglichst zu vermeiden. Nach einem allgemeinen Teil zur Ersten Hilfe und den wichtigsten therapeutischen Prinzipien bei Vergiftungen folgt eine übersichtliche Aufstellung der einzelnen Giftquellen mit Wirkungsmechanismus, Symptomen, Therapiemöglichkeiten, Prognose und Quellen.

Festeinband mit innenliegender Spiralbindung, 208 Seiten, farbig
ISBN 978-3-95464-255-7
Preis: 19,95 EUR

Besuchen Sie unseren Shop: **www.kynos-verlag.de**

Kynos

Checkliste

für die Handtasche oder neben das Telefon, damit im Notfall schnell zur Hand

Checkliste für den Notfall

Tierarzt: ______________________ Telefon: ______________________

Name des Tieres: ______________________ Geburtsdatum: ______________________

Chronische Erkrankungen: ______________________

____

____

____

Dauerhaft zu gebende Medikamente: ______________________

____

____

____

Allergien: ______________________

____

____

____

Impfungen: ______________________

____

____

____

Letztes Impfdatum: ______________________

Telefonnummer, unter die Ihr Tierarzt Sie erreichen kann:

____

Telefonnummer Tiertransport oder Taxi, die ein verletztes Tier mitnehmen:

____

Checkliste für den Notfall

Tierarzt: ______________________ Telefon: ______________________

Name des Tieres: ______________________ Geburtsdatum: ______________________

Chronische Erkrankungen: ______________________

____

____

____

Dauerhaft zu gebende Medikamente: ______________________

____

____

____

Allergien: ______________________

____

____

____

Impfungen: ______________________

____

____

____

Letztes Impfdatum: ______________________

Telefonnummer, unter die Ihr Tierarzt Sie erreichen kann:

____

Telefonnummer Tiertransport oder Taxi, die ein verletztes Tier mitnehmen:

____